海洋环境下飞机搭接结构腐蚀疲劳寿命评估

郁大照　胡家林
徐　丽　柳文林　著

U0178542

西北工业大学出版社

西安

【内容简介】 本书详细介绍了海洋环境下飞机搭接结构的腐蚀行为与机理,内容包括宽板搭接结构疲劳与腐蚀交替试验方法、腐蚀预测与监测技术、缝隙腐蚀机理和力学特性分析、海洋腐蚀环境和疲劳载荷之间的相互作用,并就这种相互作用对飞机结构疲劳强度的影响进行了较为系统的评定,解决了飞机搭接结构不便于实施全寿命管理的难题等,对飞机结构完整性、耐久性分析具有较好的参考作用,对飞机腐蚀控制和外场结构检查具有一定的指导作用。

本书适合从事飞机设计、使用、维护和管理的工程技术人员(包括民航地勤人员和军用飞机机务维修保障人员),以及高等学校航空机械类专业的本科生和飞行器设计类专业的研究生阅读、参考。

图书在版编目(CIP)数据

海洋环境下飞机搭接结构腐蚀疲劳寿命评估 / 郁大照等著. —西安 : 西北工业大学出版社,2022.4
(舰载技术系列丛书)
ISBN 978 - 7 - 5612 - 8177 - 2

Ⅰ.①海… Ⅱ.①郁… Ⅲ.①海洋环境-影响-飞机-搭接-结构-腐蚀疲劳-疲劳寿命估算 Ⅳ.①V262.4

中国版本图书馆 CIP 数据核字(2022)第 075566 号

HAIYANG HUANJING XIA FEIJI DAJIE JIEGOU FUSHI PILAO SHOUMING PINGGU

海 洋 环 境 下 飞 机 搭 接 结 构 腐 蚀 疲 劳 寿 命 评 估

郁大照　胡家林　徐丽　柳文林　著

责任编辑:朱晓娟		策划编辑:华一瑾	
责任校对:王玉玲		装帧设计:石小玲	

出版发行:西北工业大学出版社
通信地址:西安市友谊西路 127 号　　邮编:710072
电　　话:(029)88491757,88493844
网　　址:www.nwpup.com
印 刷 者:陕西向阳印务有限公司
开　　本:787 mm×1 092 mm　　1/16
印　　张:10.625
字　　数:279 千字
版　　次:2022 年 4 月第 1 版　　2022 年 4 月第 1 次印刷
书　　号:ISBN 978 - 7 - 5612 - 8177 - 2
定　　价:68.00 元

前　言

作为飞机机体重要承力构件的飞机搭接结构一旦出现腐蚀疲劳裂纹,会严重危及飞行安全。因此,腐蚀对飞机搭接结构完整性的影响日益受到重视,飞机搭接结构的腐蚀与控制逐渐成为广大航空技术人员的关注重点。

海洋环境下,腐蚀和多处损伤(Multiple Site Damage,MSD)是飞机搭接结构最主要的损伤形式之一,可靠评估腐蚀与疲劳交替作用下含 MSD 飞机搭接结构疲劳寿命是保证飞行安全的前提之一。本书在国家自然科学基金(No.51375490)研究的基础上,结合笔者及研究小组多年研究成果,系统分析了疲劳与腐蚀交互作用下飞机搭接结构腐蚀和 MSD 产生、扩展及连通特点,以及搭接结构的腐蚀行为与机理;建立了枕垫效应理论模型和多因素作用下的含 MSD 搭接结构力学特性及应力强度因子分析方法;提出了将飞机搭接结构服役过程中遭受的腐蚀损伤动态演化与疲劳的交互作用及结构材料性能随时间的日历退化作为变量,纳入一个统一的框架中的疲劳寿命动态预测模型,为飞机实施"提前发现—评估—制订计划—处理"的腐蚀修理动态管理方法提供技术支持,解决了飞机搭接结构不便于实施全寿命管理的难题。为使内容更为系统,全书简要介绍了研究小组在腐蚀及疲劳试验技术、腐蚀对有机涂层失效的影响、基于图像特征值的腐蚀损伤分析等方面的研究成果。在我国目前新型飞机特别是舰载机研制项目较多的背景下,本书的研究成果可为飞机搭接结构实施从设计、生产至整个服役期间的全寿命腐蚀管理提供理论和技术支持。本书的研究成果具有通用性,可推广到其他装备类似结构中。

本书共9章。第1章概括了飞机搭接结构疲劳寿命评定技术进展;第2、3章介绍了飞机搭接结构的预腐蚀疲劳试验、腐蚀疲劳交替试验和微动疲劳试验情况;第4~6章分析了搭接结构的枕垫效应特性、腐蚀损伤评估和预测;第7、8章详细阐述了腐蚀损伤和多处损伤对搭接结构力学特性的影响规律及应力强度因子计算方法;第9章重点介绍了飞机宽板搭接件全寿命预测模型。

参加本书撰写的人员有海军航空大学的郁大照(第1、4、9章)、胡家林(第5、6章)、徐丽(第2、3章)、柳文林(第7章)、王琳(第8章)。全书由郁大照负责统稿。

在撰写本书的过程中得到了海军航空大学航空基础学院领导以及海军装备腐蚀专项治理专家陈跃良教授的大力支持,同时他们也提出许多宝贵的修改意见,在此对他们表示由衷的敬意和衷心的感谢。本书的研究工作是在国家自然科学基金面上项目(No.51375490)资助下完成的,写作本书曾参阅了相关文献、资料,在此,对其一并致谢。

由于水平有限,书中的疏漏与不足之处在所难免,热忱希望广大读者批评指正。

著　者

2021 年 9 月

目　　录

第 1 章　绪　　论

飞机结构的疲劳寿命往往是指某些关键危险部位的疲劳寿命,这些危险部位具有应力水平较高、应力集中严重的特点。搭接结构是飞机结构的关键部件,也是飞机结构中的薄弱环节。一是搭接结构中存在着众多的类似细节,在疲劳载荷作用下,相邻、相似的细节部位上很可能会同时形成大小相近的多条微小裂纹,经过一段缓慢扩展之后,这些小裂纹会突然连通而形成一条大裂纹,其裂纹扩展速率要比单个裂纹快得多。这种现象被称作多处损伤(MSD)。二是搭接结构被腐蚀后,腐蚀产物会在其有限的空间内膨胀,产生枕垫效应,使蒙皮鼓起,枕垫应力一旦形成就不会减小,且随时间延长不断增大,从而引起搭接结构局部应力不断恶化。对退役飞机的分解和试验研究表明,腐蚀和 MSD 是飞机搭接结构最主要的损伤形式。

1.1　腐蚀和 MSD 对飞机搭接结构疲劳寿命的影响

由腐蚀损伤和 MSD 引起的飞机结构失效事故屡见不鲜。1972 年,俄罗斯的 AN‐10A 飞机失事是由机翼下表面存在众多的疲劳裂纹造成的。1988 年,Aloha 航空公司一架服役 19 年的波音 737 飞机,飞行时蒙皮脱落导致机组人员身亡。事故调查发现,在机身蒙皮搭接处有脱开连接、腐蚀及 MSD 开裂的问题存在。腐蚀以及随后出现的大量腐蚀产物在机身蒙皮搭接处积聚,导致"膨胀状",引起附加弯矩,进一步加剧了多裂纹之间的连通和扩展,使原先紧密配合的机身表面蒙皮连接失效而分离。1990 年,澳大利亚皇家空军的 MacchiA7‐076 飞机在进行 6g 机动时,左翼失效事故也是由机翼下表面的多部位损伤问题引起的。1981 年,中国台湾的一架波音 747 客机空中解体,其主要原因也是机体结构受到腐蚀,多处产生蚀孔和裂纹。值得思考的是,事故前一个月对该飞机进行了大检修,在检修过程中没有检测到引起事故的腐蚀损伤。军用飞机机体结构安全性的高低直接决定能否高质量地遂行作战任务。我国军用飞机特别是海军飞机,由于大都在沿海、多雨、潮湿、高温和工业发达地区使用,随着使用年限的增加,腐蚀和 MSD 问题较为严重,致使结构的强度和刚度下降,迫使飞机停飞返修。

MSD 的危险性主要是腐蚀坑或裂纹之间会互相作用,裂纹扩展速率增加,剩余强度降低,临界裂纹尺寸减小,检测周期缩短,破损安全特性不复存在。同时大量的试验表明,多裂纹存在的情况下,主裂纹不会在止裂带处停止或改变方向,而会与 MSD 裂纹进行连通并穿过止裂带和隔框,从而导致结构失效。飞机搭接结构多用铆接、螺接、焊接等方法连接,这样在金属与金属或金属与非金属之间存在缝隙,并使缝隙内的腐蚀介质处于滞留状态,从而加剧了缝隙内金属的腐蚀。对退役飞机搭接件的分解表明,一些外表面腐蚀较轻的搭接件,拆解后发现内表面腐蚀很严重,积聚了大量腐蚀产物,清除腐蚀产物后,发现表面高低不平,如波浪形一样,有大小不一的蚀坑,在显微镜下发现蒙皮内表面钉孔或蚀坑处有多处损伤。同时,腐蚀损伤引起的结构截面积减小、应力上升、枕垫效应等有害因素,使 MSD 的情况更加恶化。对于飞机搭接结构,两种损伤都具有一定的隐蔽性,会给整个机体结构带来一定的安全隐患。目前的研究还缺少完整地描述疲劳与腐蚀同时存在及相互作用影响的理论与知识,特别是疲劳和腐蚀的交替作用对搭接件疲劳性能的影响至今仍未得到很好的解决。对于军用飞机,其本身的目标寿命要求比较低,许多型号飞机采取延寿措施进入超期服役。如何系统评定腐蚀和 MSD 及其交互作用对飞机结构疲劳寿命的影响是飞机设计和使用维护人员较为关注的问题。

1.2 腐蚀条件下飞机结构疲劳寿命评定技术

1.2.1 全寿命评估方法

目前,腐蚀条件下飞机结构疲劳寿命评定,是以一般环境下疲劳寿命评定结论为基础,通过引入综合考虑地面停放预腐蚀与空中腐蚀疲劳影响的腐蚀影响系数,将腐蚀条件下的飞行小时数等损伤折算为一般环境下飞行小时数,对一般环境下的疲劳寿命进行修正,从而有效地进行腐蚀条件下的疲劳寿命评定。对于现役飞机来说,腐蚀损伤,如材料变薄、点蚀、枕垫效应等,都随时间而变化,如图 1-2-1 所示,因此上述方法只能用来快速地评估腐蚀损伤对特定结构剩余寿命的影响。它们的最大缺点是不能真实地考虑飞机特定结构(如搭接件)中腐蚀和疲劳同时作用的事实。另外,它们对试验的依赖性很强。同时,在一些飞机结构中,腐蚀、腐蚀-疲劳以及疲劳造成的损伤通常很难发现,人们只能通过拆卸飞机、对结构进行无损检测或是利用退役飞机结构的信息来对这些损伤进行估计。这些手段花费巨大,而且有时对结构起到破坏作用。

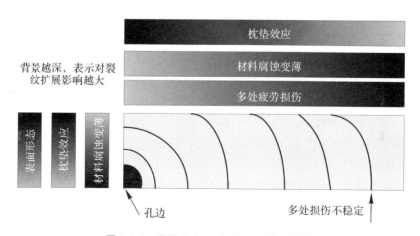

图 1-2-1 腐蚀和 MSD 随时间变化示意图

与此同时,目前的飞机设计思想分为安全寿命和损伤容限设计思想。安全寿命设计准则只考虑裂纹形成寿命,其疲劳寿命估算方法主要有名义应力法、局部应力-应变法、应力场强法等。在航空中应用较多的则是名义应力法和局部应力-应变法。这些寿命估算方法都是以疲劳累积损伤理论为基础。损伤容限设计的研究对象是裂纹扩展寿命,其疲劳寿命估算方法以断裂力学的裂纹扩展速率模型为基础。可见,安全寿命和损伤容限设计都只是考虑了疲劳寿命的一部分而已,且两种理论所定义的损伤不统一,给出的寿命无法衔接,不便于对结构从"生"到"死"的全寿命控制。所以,用统一的理论发展一种能够较为准确地估算飞机结构疲劳寿命的全寿命计算方法,已成为疲劳研究中的一个重要课题。

自 20 世纪 80 年代中期以来,国内外对小裂纹的扩展行为,对经典的 $S-N$ 疲劳/耐久性与现代损伤容限之间的联系,以及利用断裂力学原理进行疲劳全寿命预测的可行性进行了系统、深入的研究。其目的是通过对材料小裂纹行为的研究,用断裂力学方法定量、统一地描述材料疲劳损伤从裂纹萌生到裂纹扩展的全过程,并融合材料的安全性和损伤容限分析。研究表明,通过合理地引入裂纹闭合概念,用于长裂纹扩展分析的断裂力学 ΔK 方法是可以延伸到自然萌生的小裂纹扩展阶段的。随着小裂纹检测技术的不断改进,对于许多工程材料与结构,除近疲劳极限区外,裂纹"萌生寿命"只占疲劳全寿命的一小部分。因此,疲劳全寿命可以视为等同于仅考虑起源于初始缺陷的小裂纹的扩展寿命而得到较满意的预测。这些为基于断裂力学的损伤容限方法向传统的疲劳领域($S-N$ 曲线、安全寿命)延伸开辟了可行的途径。

相关文献提出了一种全寿命评估方法(Holistic Life Assessment Methods,HLAM)。它将疲劳寿命的所有阶段都纳入一个分析框架之中,包含了安全寿命和损伤容限的设计概念,综合研究了疲劳寿命全部 4 个阶段。全寿命四阶段示意图如图 1-2-2 所示。

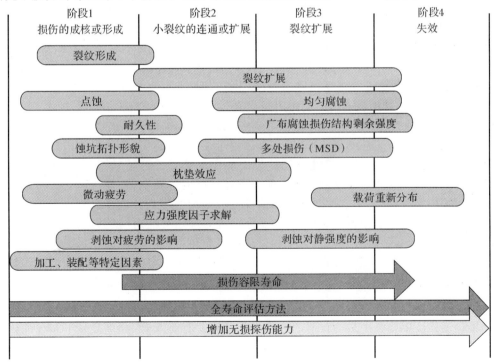

图 1-2-2　全寿命四阶段示意图

与一般的全寿命分析方法相比,HLAM 最大的特点在于它引入了初始不连续状态(Initial Discontinuity State,IDS)这一概念,并将其作为材料的初始缺陷应用到随后的疲劳寿命估算中去。IDS 的引入使得该方法可以将全部服役寿命阶段飞机结构可能遭受的点蚀、剥蚀等各种腐蚀疲劳形态和结构材料性能随时间的退化作为影响变量纳入一个框架中,并考虑多处(腐蚀)损伤、枕垫效应等因素,从而模拟出结构从制造完毕到最终破坏的整个损伤过程,为实现"提前发现—评估—制订计划—处理"的修理管理方法奠定基础。波音公司对 KC-135 飞机和澳大利亚国防科学与技术组织航空研究室对 F-18 飞机的腐蚀损伤评估也采用了此方法,所得预测结果比较合理,表明将材料随时间退化的工程理论应用到寿命预测中是可行的。

依托国家自然科学基金和相关科研项目支撑,笔者团队多年来一直从事腐蚀条件下飞机结构腐蚀疲劳全寿命评估技术研究,得出可考虑不同影响因素的含 MSD 宽板搭接结构全寿命评估模型,具体内容见第 9 章。

1.2.2　腐蚀损伤模型

1. 点蚀模型

点蚀模型主要分两大类。一是把蚀坑当作缺口来处理,然后利用应力-应变法、场强法等方法计算腐蚀后结构的疲劳寿命。此类模型一般适合于尺寸较大的蚀坑,能快速评估外场对蚀坑打磨修理后结构的剩余寿命。二是将蚀坑作为裂纹的起始,应用断裂力学原理建立相关的数学模型,评估结构的剩余强度和寿命。Godard 通过对铝合金的试验分析,提出了点蚀理论,并得出一个简单有效的估算蚀坑成长的公式 $d = kt^{1/3}$,其中,d 为腐蚀深度,t 为腐蚀时间,k 是常数。根据点蚀理论,可计算出蚀坑成长的时间,而蚀坑形成 I 型裂纹的时间可通过线弹性断裂力学理论计算出来。基于此,Hoeppner 第一个把 Godard 提出的点蚀理论与线弹性断裂力学理论结合起来形成点蚀疲劳理论,并在此理论基础上提出了通过小裂纹的扩展门槛值估算蚀坑的临界深度及蚀坑成长速度的模型。后来,Lindley、Kawai 与 Kasai、Kondo 和 Medved 等人相继得出了基于点蚀疲劳理论的模型。所有这些模型都假设蚀坑形状为半球形或半椭球形,用相应应力强度和小裂纹扩展门槛值(ΔK_f)来估算蚀坑的临界深度。其中,Medved 还对蚀坑发展进行了详细的分析,并利用当量初始缺陷尺寸(Equivalent Initial Flaw Size,EIFS)的方法对腐蚀条件的疲劳寿命进行了分析。DuQuesnay、Groner、Wei 等人对蚀坑对飞机结构寿命的影响进行了总结,特别是针对具体型号飞机腐蚀对寿命的影响进行了相应的评价。Rokhlin 对不同人工产生的腐蚀坑处的裂纹成核及扩展进行了分析,并对腐蚀坑等效为三维表面裂纹的可行性进行了试验验证。张有宏在试验的基础上,将蚀坑简化为半圆形或半椭圆形三维表面裂纹,研究了点蚀对光滑试验件疲劳寿命的影响。笔者对腐蚀坑等效为表面裂纹的可行性进行了系统分析。结果表明,实际蚀坑与等效裂纹对结构应力分布的影响十分相似,应力强度因子在蚀坑等效前后大小和变化趋势变化不大。分析蚀坑对裂纹扩展寿命影响时,可把蚀坑尺寸直接与裂纹的尺寸叠加后进行计算。基于点蚀疲劳理论的模型的最大优点是物理意义明确,只需要小裂纹的萌生和扩展数据,但目前还没有可以利用的简单解。

2. 剥蚀模型

剥蚀是高强度铝合金中最为普遍的一种损伤形式。有文献对 80 多篇关于剥蚀的论文进行了总结,发现目前国内外对剥蚀的研究主要集中在材料的剥蚀敏感性、剥蚀的预防和消除以及剥蚀的无损检测技术这些方面,其中只有 1/15 的论文试图从力学的角度研究剥蚀与疲劳的交互作用,并得出以下结论:

(1)剥蚀会加速疲劳裂纹的形成和扩展；

(2)剥蚀会引起多处损伤；

(3)剥蚀与疲劳的交互作用不仅带来经济问题，而且严重危及安全问题。

近年来，Sharp 和 Clark 建立了基于 EIFS 的"过程区模型"，从力学的角度研究了剥蚀同疲劳的交互作用。这一模型假定剥蚀可以看作是一个由点蚀和裂纹组成的"过程区"，该过程区最初位于材料的表面，在剥蚀造成材料缺失后，过程区位于应力集中区域的底部。过程区模型存在三个问题：①它的输入参数裂纹长度要低于目前的无损检测技术的最低门槛值；②EIFS 仅仅是一个数值上的表示，与造成结构破坏的材料特性没有直接联系；③没有建立剥蚀损伤与剩余寿命和剩余强度的量化关系。笔者基于全寿命分析框架，建立了基于 IDS 的剥蚀疲劳寿命评估模型，该模型可综合考虑腐蚀的深度、面积和位置的影响。

3. 枕垫效应模型

飞机结构搭接件腐蚀损伤的隐蔽性和难检测性潜在危险很大，它们甚至会导致灾难性事故。搭接件的腐蚀损伤检测和腐蚀疲劳寿命估算成为近年来航空界研究的热点问题。

相关文献对腐蚀枕垫效应进行了系统研究，用有限元技术模拟了枕垫效应对搭接件的影响。Katsube 对遭受剥蚀损伤的结构用弹塑性有限元方法对紧固孔边处产生的枕垫效应进行了研究，因当时有限元技术的限制，其模型对实际搭接结构进行大量的简化处理，没有考虑摩擦力、预紧力及干涉配合等因素的影响。笔者根据腐蚀产物化学特性和板壳理论，建立了可考虑多因素的数学模型，可较好地融入全寿命框架中，具体内容见第 5 章。

1.2.3 微动疲劳特性分析

微动常存在于飞机搭接结构件中，位移幅度一般为微米量级。微动疲劳是航空结构设计中一个重要和富有挑战的问题，是引起航空搭接结构失效的因素之一，如图 1-2-3 所示。在微动接触区，由于接触应力和远场载荷的增强作用，应力场增加，常常会促进裂纹快速萌生并加速裂纹扩展，在很大程度上降低构件疲劳寿命，并引发各种事故。

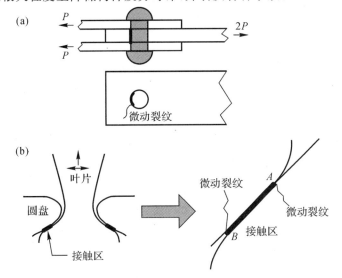

图 1-2-3 铆接、榫连接件产生微动位置示意图

(a)铆接；(b)榫连接

图1-2-4给出了飞机搭接结构件受循环载荷作用引起振荡导致的微动疲劳现象。载荷通过铆钉/板界面局部尺寸传递,由振动产生的远场载荷引起剪切载荷,由铆钉挤压引起法向载荷。通过对铆钉/板界面临界区域的观察发现,接触面裂纹成核主因是微动,微动使裂纹不断扩展并最终导致构件失效。

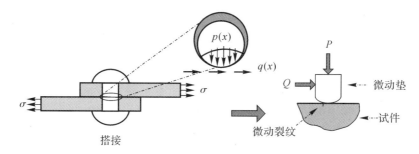

图1-2-4　搭接-结构件微动疲劳现象

国外,Bakuckas等通过对从退役波音727-232客机上(该客机服役59 479个飞行起落,设计服役目标为60 000个飞行起落)拆卸下来的纵向搭接板检查发现,66%的搭接板在铆钉孔周围存在一定程度的微动损伤,故可以认为微动是一个与老龄飞机有关的问题。Brown等研究发现,搭接板界面间的微动磨损比铆钉/板界面间的微动磨损更严重。Liao等通过对用三排铆钉固定的机身搭接件(2024-T3铝合金板厚为1 mm,沉头铆钉MS20426AD5-5)进行了疲劳试验研究。研究发现,裂纹起源于铆钉孔附近微动损伤严重的区域,但是裂纹成核的发生与微动损伤之间的依赖关系并不完全确定。Le Telier等对机身蒙皮铆钉搭接件进行了全尺寸试验研究。结果表明,微动损伤量与裂纹成核并没有固定的准则,即微动损伤严重并不能表明就一定有裂纹成核,在某些没有微动损伤的地方也可能有裂纹产生。Schijve等对波音前机身蒙皮搭接板全尺寸件进行60 000个全压力试验,每个压力循环从0到62.05 MPa,时间间隔为2 min,试验20 000个压力循环后定期对外蒙皮表面进行原位观察。试验结束后发现,蒙皮外表面281个铆钉孔中有126个铆钉孔边(45%)有明显的裂纹。通过对试验件进行拆装检查发现,裂纹在铆钉头下面形成,微动损伤被认为是导致裂纹成核的主要机制,在接触面裂纹成核区有明显的氧化磨屑,并且微动导致的裂纹成核可能发生在10 00~20 00个压力循环之间。

国内,陈跃良等研究了腐蚀对搭接件疲劳特性的影响;杨茂胜等考虑微动的影响,基于有限元分析对单搭接件的寿命进行了预测,发现微动对搭接结构有较大影响;陶峰等对LY12CZ铝合金螺栓连接件进行了微动疲劳研究,给出了微动疲劳损伤机制,分析了产生微动疲劳裂纹的原因,并结合断口分析研究了裂纹萌生位置和扩展方向;李欢等基于数值方法对螺栓紧固铝板接触面应力进行了分析,结合分析结果对微动疲劳寿命进行了预测,讨论了摩擦因数、疲劳载荷对微动疲劳寿命的影响;谭震等对钛合金螺栓连接钢板结构的疲劳行为进行了研究,分析了其失效机理,结果发现疲劳破坏由微动疲劳导致,对螺栓进行阳极化处理能提高钢板的微动疲劳性能,但却降低了其常规弯曲疲劳性能;王胜霞等对连接螺栓的失效进行了分析,根据断口宏微观观察发现,螺栓断裂的主要原因是微动疲劳。

上述研究大多集中于参数对裂纹成核的影响,考虑微动作用的研究较少,同时考虑微动和腐蚀影响的研究更少。微动常常伴有腐蚀的发生,飞机搭接件极易受微动和腐蚀的影响,考虑微动和腐蚀影响的搭接件寿命预测方法很少见。真实模拟飞机外场服役环境的预腐蚀搭接件微动疲劳特性研究也较少。针对这些问题,笔者进行了系统研究,具体内容见第3章。

1.2.4　图像技术在腐蚀研究领域的应用

腐蚀图像包含了材料表面的灰度信息和腐蚀面积大小等信息,反映了腐蚀形貌的起伏变化和腐蚀损伤严重程度。从腐蚀图像中提取的腐蚀图像特征值可以用于腐蚀损伤的量化研究,主要表现在以下几个方面:

(1)对腐蚀图像进行小波变换后得到二级小波变换近似系数、水平细节系数、垂直细节系数、对角细节系数,它们构成腐蚀图像的特征向量,分别包含图像的低频和高频信息,描绘出腐蚀前景和基底之间的细节变化,是对腐蚀类型进行判别的重要依据。

(2)金属材料发生点蚀时,蚀孔形貌具有分形特征,分维值反映了蚀孔表面形状随点蚀程度的发展而不断复杂化的趋势,可以定量地描述腐蚀形貌,因此在对不同腐蚀程度下蚀坑深度进行研究时,它是不可或缺的参数。

(3)将腐蚀图像转化为灰度图像后得到的灰度统计特征值(平均值、标准差、能量和熵)可用于对腐蚀形貌的复杂性进行描述。

(4)对腐蚀图像进行二值化处理后得到的蚀孔率和蚀孔密度等参数与材料的腐蚀速率之间有着复杂的关系,需要进行深入的探讨。

总之,腐蚀形貌与腐蚀损伤程度之间有着内在联系,从金属材料表面腐蚀形貌图像中提取形貌特征参数,对腐蚀图像进行定量化描述,对深入研究腐蚀规律具有重要意义。

1.3　含 MSD 搭接结构疲劳寿命评定技术

20 世纪 80 年代末的 Aloha 空难事故后,国外航空界开始重视对含 MSD 飞机结构的安全评定进行研究。多国航空公司和科研单位合作,成立了适航保障工作组,开展了老龄飞机的多裂纹安全性评估工作。美国联邦航空局对 DC-10 飞机 MSD 问题进行研究,结果表明:多处微裂纹的存在将明显缩短结构主裂纹扩展寿命,MSD 的存在明显降低剩余强度,如图 1-3-1 所示。澳大利亚一些航空研究室对 F-18 飞机搭接结构进行多处损伤研究,发现这些结构在疲劳失效前大多存在多处损伤情况。他们认为,现代飞机从设计、工艺到材料与过去相比都取得了较大进步,MSD 产生的随机性也随之增加。这些多裂纹的存在明显改变了结构的疲劳断裂特性和飞机的服役寿命、安全维护与检查程序,如图 1-3-2 所示。

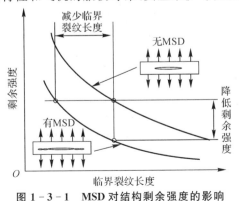

图 1-3-1　MSD 对结构剩余强度的影响

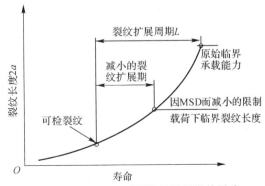

图 1-3-2　MSD 对裂纹扩展周期的影响

对飞机含 MSD 搭接结构的疲劳寿命评定研究包括飞机搭接结构疲劳试验研究、多裂纹应力强度因子计算及多裂纹扩展寿命计算方法等。

1.3.1 飞机搭接结构疲劳试验研究

对含 MSD 搭接件来说,铆钉与孔的干涉配合、MSD 裂纹间的相互干涉、铆钉力随裂纹长度变化等因素,特别是腐蚀损伤引起的结构表面腐蚀坑、材料变薄等,都会改变结构的局部应力、力的传递路线及结构承载方式,进一步使问题复杂化。目前很难通过数学模型精确分析搭接结构的疲劳特性,许多学者先后开展了含 MSD 结构的疲劳试验研究,分析不同因素对搭接结构疲劳寿命的影响。鉴于搭接结构载荷传递的复杂性,且受多种因素的影响,又加上费用较高,许多试验是通过含多孔平板、加筋板来模拟 MSD 的形成、扩展及相互干涉过程。此类型试件虽然在研究多裂纹扩展方面十分有用,但试件没有考虑真实结构的力学特性。近年来,许多学者开始用单搭接件来模拟研究飞机搭接件的疲劳特性。相关文献分别研究了干涉配合和装配载荷对单搭接件的疲劳寿命的影响。相关文献研究了试件几何特性、加工装配工艺和载荷形式对单搭接件疲劳特性的影响。这些文献的研究对象都是单搭接结构,虽然它们模拟了搭接结构的力学特性,但无法模拟搭接结构中 MSD 的形成及发展历程。对此,有文献分别对含三排 9 铆钉和五排 25 铆钉宽板搭接件进行了静强度试验,分析了宽板搭接件的载荷传递特性,但没有对 MSD 的特性进行分析。国内在这方面的研究工作起步于"八五"后期,航空界对结构多裂纹这一新问题的研究十分重视,通过借鉴国外的先进经验,在军机设计手册中引入了 MSD 的概念和内容,也进行了大量的试验研究。不过研究对象也是集中于平板和薄壁加筋结构。笔者在相关文献中对三螺栓单搭接件的载荷传递特性和力学分布特性进行了试验研究,分析了不同因素的影响。有文献对含三排 24 个钉孔宽板单搭接件进行了试验研究,试件的宽度代表了某型飞机机翼两加筋条间宽度,并在上板最上排每个钉孔处预制了对称裂纹。但因设计和装配缺陷等,结果分散性较大,MSD 分布特性与实际飞机结构有一定的差别。

从国内外已经公开的研究成果看,在飞机结构腐蚀方面的研究内容是全面和广泛的,不过大部分试验是预腐蚀疲劳试验,且试件以标准试验件和含多孔平板为主,近年来才开始出现简单搭接件的腐蚀疲劳试验。刘祖铭等对双排 4 螺栓单搭接件进行了腐蚀-疲劳循环试验。笔者也对单排 3 螺栓搭接件进行了预腐蚀疲劳试验。以上试验可得到腐蚀因素对搭接件的疲劳寿命影响,但无法形成枕垫效应,也无法分析其对 MSD 的影响。

目前,公开文献中关于疲劳与腐蚀交互作用的研究比较少,对搭接结构更是如此。陈跃良等对标准试验件进行了腐蚀和疲劳交替作用下的疲劳性能研究。张正贵等对双排 4 铆钉搭接结构进行了腐蚀疲劳交互试验。

搭接结构内腐蚀和 MSD 的复杂性,使真实模拟腐蚀和疲劳的交互作用十分困难。以上试验研究主要存在三方面不足:一是试验件不能产生与实际飞机搭接结构相同的力学特性和裂纹产生规律;二是搭接结构腐蚀的损伤机理、产物、损伤特点和分布与实际不相符;三是疲劳与腐蚀的交替作用模拟与实际飞机所受的载荷与环境历程差别较大。为克服以上不足,试验件应尽量采用宽板搭接结构形式,这样既可以完整研究 MSD 的形成、扩展及连通过程,又可以模拟腐蚀产物引起的枕垫效应对 MSD 的影响。要改变搭接结构的加速腐蚀环境谱。相关文献的研究表明,目前常采用的周期浸润试验环境过于严酷,在搭接结构内部腐蚀前,外表面就已经产生严重的腐蚀,与实际不符,需要对现有的标准腐蚀试验过程进行修正,通过减小严酷度,使搭接结构内部产生不溶性的腐蚀产物。最后,要合理确定疲劳与腐蚀的交互作用次数与顺序,既可以更真实地模拟飞机结构的实际情况,又不过多地延长试验时间,有文献对此进行了系统说明。

1.3.2 多裂纹应力强度因子计算

在含 MSD 搭接结构的疲劳寿命评定中,应力强度因子是一个非常重要的部分,它是含 MSD 结构剩余强度和裂纹扩展分析的前提。为了使裂纹扩展分析和剩余强度分析更精确,许多学者从不同测面进行了研究,得出一些针对特定情况的计算方法,有文献对此进行了综述。从国内外已经公开的研究成果看,MSD 应力强度因子的分析对象主是平板和加筋板,方法主要有组合法和数值法。有文献通过组合法,对含多孔边裂纹无限大板应力强度因子进行了研究。还有文献通过有限元法对搭接结构孔边对称裂纹应力强度因子进行了分析。笔者用三维有限元方法对三螺栓单搭接件孔边对称裂纹应力强度进行了求解。

组合法目前只能考虑简单的钉载作用,而在搭接结构中,紧固件和蒙皮之间存在干涉配合,力的偏心率引起的弯矩和腐蚀引起的“枕垫效应”,这些因素都对应力强度因子有很大的影响。在裂纹扩展过程中,有限元法存在着元裂尖周围的网格自动生成、复合型裂纹的应力强度因子求解、裂纹扩展轨迹预测和评估局部裂纹的稳定性等问题,且在处理三维问题时,进行了大量的简化。总体来说,目前对二维 MSD 的安全仪表功能(Safety Instrumented Funci-tion,SIF) 求解已有了很多行之有效的方法,但对三维情形,如完全模拟真实情况,既费时,精度也不一定能保证,如何有效地求解三维 MSD 的 SIF,特别是复杂结构,如搭接结构,是对含 MSD 结构安全评定中的研究重点。

1.3.3 多裂纹扩展寿命计算方法

毫无疑问,MSD 的存在必将对裂纹扩展产生不利影响,主要表现在两个方面:一是裂纹间可能相互作用,尤其是在裂纹扩展后期会产生强烈的干涉而导致应力强度因子剧增,增加了裂纹的扩展速率,使扩展寿命变短;二是受裂纹连通的净截面屈服效应影响,使临界裂纹尺寸大大减小,从而使 MSD 从初始损伤扩展到临界裂纹尺寸的寿命要比单一裂纹情况短得多。尽管通过逼真的试验和精密的测试能获得 MSD 研究领域中的许多结果,但迄今为止对这类损伤准确的疲劳裂纹扩展过程依然没有完全弄清楚。如果再考虑腐蚀的影响,问题会更加复杂化。

MSD 的裂纹扩展与连通一直是航空准入工作组(Aviation Acoess Working Group,

AAWG)比较关注的问题之一。AAWG 对机身蒙皮连接进行了广泛的分析和试验研究。主要结论有以下几条：

(1)裂纹在铆钉头下形成,裂纹形状为角裂纹或者半椭圆表面裂纹,刚开始裂纹扩展速率很慢,如果钉传载荷较大,裂纹扩展速率明显加快。在裂纹扩展到铆钉头以外时,裂纹快速增长。

(2)裂纹是以裂纹群的形式出现的,然后两个相临裂纹连通形成主导裂纹。主导裂纹比其他未连通的裂纹扩展快得多,控制该结构舱的裂纹扩展。

(3)MSD 临界裂纹的长度与远端裂纹有关,远小于只是单个裂纹时的情况,因此由检查确定临界裂纹比较困难。

(4)大部分裂纹沿紧固件连线形成并扩展,但也有一些裂纹因为平面内剪应力的存在而向斜向发展。

(5)均匀长度的大面积 MSD 裂纹群,从首次裂纹连通到最终裂纹贯通所用时间较短,而小范围等长度裂纹群或者非等长裂纹群用的时间较长。

有文献基于 Dugdale 塑性区模型和 Swift 提出的连通准则,研究了 MSD 结构疲劳裂纹连通与构件破坏问题,并利用有限元交替方法研究了裂纹的扩展。裂纹的连通包括断裂前韧带的复杂塑性变形和净截面的材料屈服,在韧带屈服之前没有观察到明显的快速断裂,在一定裂纹长度范围内,短裂纹扩展速度更快。

Proppec 认为,MSD 结构的裂纹扩展和最终破坏与裂纹形成、扩展、屈服应力和断裂韧性等有关,而这些因素或多或少具有一定的分散性,应当用随机变量描述,在此基础上,确立一定的连通准则和破坏准则,利用概率分析方法建立了破坏概率计算模型。当然,也有学者对概率方法应用于 MSD 问题的可行性进行了质疑。

目前,美国国家航空航天局(National Aeronautics and Space Administration,NASA)和波音公司对 MSD 裂纹的扩展评估用的是其资助开发的裂纹扩展分析软件,如 FASTRAN、AFGROW 和 NASGRO 等。这些软件集成了当前关于多裂纹扩展的最新算法和扩展模型,且应用比较简单。波音公司在腐蚀和 MSD 对 KC-135 飞机结构完整性影响评估中,对这三个软件进行了对比分析,发现 AFGROW 相对于 FASTRAN 和 NASGRO 更适合于多裂纹的扩展分析,并且能考虑腐蚀损伤的影响。

多处损伤的疲劳裂纹分析方法主要有确定性方法和概率方法。徐晓飞、师朝林等采用 Paris 公式和改进的 Willenborg/Chang 模型分析了等幅谱和随机谱下的多处损伤的疲劳裂纹扩展规律。王志智等则采用 Walker 裂纹扩展方程和 Willenborg/Chang 模型对加筋板的疲劳裂纹扩展进行了研究。周岳泉以确定性疲劳裂纹扩展为基础,提出了多裂纹扩展的变量优化方法,但该方法对变量的初始值比较敏感,不合适的变量初始值会导致不合理的优化结果。对此,王生楠等利用区间二分法技术自动调节新的副裂纹扩展增量,提高了算法的适应能力;费斌军、刘文珽、张建宇等针对含相互干扰多裂纹结构的损伤容限分析问题,在概率断裂力学基础上,考虑裂纹扩展的分散性,建立了适用于含任意多条裂纹结构可靠性分析的概率损伤容限分析,并给出了工程实用的简化计算模型。

1.4 小 结

由于影响飞机腐蚀的因素繁多而且很难确定,再加上疲劳与腐蚀交互作用的复杂性,目前综合环境下的疲劳定寿模型不能满足腐蚀搭接结构的寿命预测需要。目前最大的困难便是如何在现有全寿命模型中,将飞行过程中结构因疲劳载荷造成的损伤累积同飞机在飞行和停放过程中因"枕垫效应"而造成的损伤累积结合起来。本书以全寿命模型为主线,对试验研究、微动疲劳、枕垫效应、搭接结构的腐蚀预测与评估、搭接结构的力学特性、多裂纹应力强度因子计算等内容进行分析,建立各种腐蚀类型模型和 MSD 模型,最终构建出日历退化与疲劳的交互作用及 MSD 下的搭接结构疲劳寿命评估模型。

参 考 文 献

[1] YU D Z, LIU W L. Microstructure analysis of corrosion damage of LY12CZ lap joint in aging aircraft[J]. Advanced Science Letters, 2013, 19(6):667 – 671.

[2] 郁大照,陈跃良,王允良.含多处损伤宽板螺接搭接件疲劳寿命研究[J].工程力学,2017,34(6):217 – 225.

[3] JONES R, MOLENT L, PITT S. Study of multi-site damage of fuselage lap joints[J]. Theoretical and Applied Fracture Mechanics,1999,32(1):81-100.

[4] BERT L, SMITH P A, SAVILLE A, et al. Strength of 2024-T3 aluminum panels with multiple site damage[J]. Journal of Aircraft,2000,37(2):325-331.

[5] 陈群志,刘文珽,陈志伟,等.腐蚀环境下飞机结构日历寿命研究现状与关键技术问题[J].中国安全科学学报,2000,10(6):42 – 47.

[6] 张丹峰,陈跃良.海洋环境下飞机结构疲劳性能退化规律研究[J].强度与环境,2009,36(5):39 – 42.

[7] 穆志韬,熊玉平.飞机结构主体材料腐蚀损伤特点分析[J].材料保护,2001,34(12):49 – 50.

[8] 叶广宁,陈跃良.腐蚀和疲劳对飞机结构的挑战及解决思路[J].航空工程进展,2011,2(1):66 – 70.

[9] 郁大照.腐蚀和多处损伤对飞机结构完整性的影响研究[D].烟台:海军航空大学,2008.

[10] 胡建军.腐蚀及多处损伤(MSD)对飞机结构疲劳强度的影响[D].烟台:海军航空大学,2013.

[11] 姚卫星.结构疲劳寿命分析[M].北京:国防工业出版社,2003.

[12] NEWMAN J C, PHILLIPS E P, SWAIN M E. Fatigue life prediction methology using

small crack theory[J]. Int J. Fatigue, 1999,21(8):109 - 119.

[13] WU X R, NEWMAN J C, ZHAO W, et al. Small crack growth and fatigue life predictions for high strength aluminum alloys Part Ⅰ: crack closure and fatigue analysis[J]. Fatigue Fract. Engng Mater Struct, 1998, 21(10):1289 - 1306.

[14] NEWMAN J C, WU X R, SWAIN M H, et al. Small crack growth and fatigue life predictions for high strength aluminum alloys Part Ⅱ: crack closure and fatigue analysis[J]. Fatigue Fract. Engng Mater Struct, 2000, 23(8):59 - 72.

[15] 陈勃,吴学仁,刘建中. 基于小裂纹扩展的耐久性分析和经济寿命预测方法[J]. 机械强度, 2004, 26(5):246 - 249.

[16] 吴学仁,刘建中. 基于小裂纹理论的航空材料疲劳全寿命预测[J]. 航空学报,2006, 27(2):219 - 225.

[17] 沈海军. 高强度铝合金腐蚀疲劳机理与腐蚀疲劳全寿命工程模型[D]. 西安:西北工业大学,2002.

[18] 肖方红. 基于小裂纹扩展的疲劳全寿命计算方法研究[D]. 西安:西北工业大学,2001.

[19] 卞贵学,张勇,贾明明,等. 基于微观结构参数的高强铝合金疲劳全寿命模型[J]. 强度与环境, 2016,43(4):17 - 23.

[20] 陈跃良,卞贵学,郁大照,等. 腐蚀环境下飞机结构疲劳全寿命评估模型[J]. 机械强度, 2012,2:137 - 143.

[21] 郁大照,陈跃良,金平. 飞机结构腐蚀管理全寿命模型研究[J]. 中国民航大学学报, 2008,5:32 - 35.

[22] 郁大照,陈跃良,高永. 螺栓连接单搭接件疲劳特性试验与全寿命估算方法研究[J]. 中国机械工程, 2013, 24(20):2747 - 2752.

[23] 陈跃良,徐丽,张勇,等. 2A12 铝合金微动疲劳全寿命预测方法研究[J]. 装备环境工程, 2014,11(4):1 - 6.

[24] 徐丽. 2A12 铝合金微动疲劳特性研究[D]. 烟台:海军航空大学,2014.

[25] 姚卫星. 结构疲劳寿命分析[M]. 北京:国防工业出版社,2003.

[26] 刘文珽,贺小凡,吴大方. 腐蚀与缺口对 LY12 铝合金疲劳极限影响的试验研究与分析[J]. 实验力学,1999, 14(4): 415 - 418.

[27] 杨晓华. 腐蚀累积损伤理论研究与飞机结构日历寿命分析[D]. 南京:南京航空航天大学, 2002.

[28] OSTACHO P, PANASYUK V V. Fatigue precess of notches[J]. Int J Fatigue,2001, 23(9): 627 - 636.

[29] 郁大照. 某型飞机机翼局部结构腐蚀容限研究[D]. 烟台:海军航空工程学院,2003.

[30] GODARD R W. The corrosion of light metals[J]. Corrosion Science,1967 (17):341 - 355.

[31] HOEPPNER D W. Corrosion fatigue considerations in materials selections and engineering design[M]. Staehle:National Association of Corrosion Engineers, 1972.

[32] LINDLEY T C，MCINTYRE P，TRANT P J. Fatigue crack initiation at corrosion pits [J]. Metals Technology，1982，9：135 - 142.

[33] KAWAI S，KASAI K. Considerations of allowable stress of corrosion fatigue (focused on the influence of pitting) [J]. Fatigue Fracture of Engineering Materials Structure，1985，8：115 - 127.

[34] KONDO Y. Prediction of Fatigue Crack Initiation Life Based on Pit Growth[J]. Corrosion Science，1989，45：7 - 11.

[35] MEDVED J J，BRETON M，IRVING P E. Corrosion pit size distributions and fatigue lives-a study of the EIFS technique for fatigue design in the presence of corrosion[J]. In J fatigue，2004，26(1)：71 - 80.

[36] DUQUESNAY D L，UNDERHILL P R，BRITT HJ. Fatigue crack growth from corrosion damage in 7075-T6511 aluminum slloy under aircraft loading[J]. In J Fatigue，2003，25(5)：371 - 377.

[37] GRONER D J，NIESER D E. U S air force aging aircraft corrosion[J]. Can Aeronaut Space J，1996，42(2)：63 - 67.

[38] ROKHLIN S I，KIM JY，NAGY H. Effect of pitting corrosion on fatigue crack initiation and fatigue life[J]. Engineering Fracture Mechanics，1999，62(45)：425 - 444.

[39] 张有宏. 飞机结构的腐蚀损伤及其对寿命的影响[D]. 西安：西北工业大学，2007.

[40] 郁大照,陈跃良,柳文林,等. 服役环境下腐蚀坑等效为表面裂纹的有效性分析[J]. 应用力学学报，2011，1：79 - 84.

[41] 胡家林,陈跃良,郁大照,等. 剥蚀对飞机机翼上蒙皮疲劳寿命的影响分析[J]. 海军航空工程学院学报，2008，52(1)：2269 - 2272.

[42] 郁大照,陈跃良,樊庆和,等. 剥蚀对含孔试件疲劳寿命影响研究[J]. 强度与环境，2010，1：449 - 54.

[43] JONES R，MOLENT L，PITT S. Study of multi-site damage of fuselage lap joints [J]. Theoretical and Applied Fracture Mechanics，1999，32(1)：81 - 100.

[44] 陈群志,刘文斑,陈志伟,等. 腐蚀环境下飞机结构日历寿命研究现状与关键技术问题[J]. 中国安全科学学报，2000，10(6)：42 - 47.

[45] BELLINGER N C，KOMOROWSKI J P，GOULD R W. Damage tolerance implications of corrosion pillowing on fuselage lap joints[J]. Journal of Aircraft，1998，35(3)：487 - 491.

[46] BELLINGER N C，KOMOROSKI J P. Corrosion pillowing stresses in fuselage lap joints[J]. AIAA Journal，1997，35 (3)：317 - 320.

[47] LIAO M，BELLINGER N C，KOMOROWSKI J P. Modeling the effects of prior exfoliation corrosion on fatigue life of aircraft wing skins[J]. In J Fatigue，2003，25：1059 - 1067.

[48] BELLINGER N C，KOMOROWSKI J P，BENAK T J. Residual life predictions of cor-

roded fuselage lap joints[J]. In J Fatigue,2001,23:349 - 356.

[49] 郁大照,陈跃良. 枕垫应力对飞机搭接件完整性的影响研究[J]. 机械工程学报,2012,12(3):37 - 42.

[50] BROWN A M, STRAZNICKY P V. Simulating fretting contact in single lap splices [J]. Int. J. Fatigue,2009,31(5):375 - 384.

[51] LIAO M, SHI G, XION Y. Analytical methodology for predicting fatigue crack distribution of fuselage splices[J]. Int. J. Fract. 2001,23(5):177 - 185.

[52] 陈跃良,卞贵学,郁大照.预腐蚀铝合金典型螺栓单搭接件疲劳寿命研究[J]. 工程力学,2012,29(5):251 - 256.

[53] 杨茂胜,张涛,陈跃良,等.考虑微动影响的搭接结构疲劳寿命研究[J]. 装备环境工程,2011,8(6):48 - 53.

[54] 陶峰,张雨. LY12CZ 铝合金微动损伤机制的研究[J]. 航空材料学报,2002,22(2):1 - 4.

[55] 吕凤军,傅国如.某型飞机对接螺栓微动疲劳裂纹分析[J]. 装备环境工程,2011,8(5):74 - 76.

[56] 李欢,郭然. 螺栓紧固铝板的微动疲劳寿命分析[J]. 科学技术与工程,2008,8(22):6101 - 6105.

[57] 谭震,刘道新,张广来,等. TC16 钛合金螺栓及其连接 30CrMnSiA 钢板孔的疲劳行为[J]. 机械科学与技术,2006,25(7):767 - 770.

[58] 李郑琦,胡建军,陈跃良.飞机结构多处损伤研究现状[J]. 强度与环境,2011,38(3):50 - 56.

[59] CHAKHERLOU T N, TAGHIZADEH H, MIRZAJANZADEH M, et al. On the prediction of fatigue lifein double shear lap joints including interference fitted pin[J]. Engineering Fracture Mechanics , 2012,35(2)123 - 127.

[60] BABAK A T N, CHAKHERLOU G H, FARRAHI RENE C, et al. Fatigue life estimation of boltclamped and interference fitted-bolt clamped double shear lap joints using multi axial fatigue criteria[J]. Materials and Design,2013,43(3):327 - 336.

[61] SKORUP M, SKORUP A, MACHNIEWICZ T, et al. Effect of production variables on the fatiguebehavior of riveted lap joints[J]. International Journal of Fatigue, 2010,32(3):996 - 1003.

[62] PINTOA M G, CAMPILHO R D S G. Effect of hole drilling at theoverlap on the strength of single-lap joints[J]. International Journal of Adhesion & Adhesives, 2011,31(5):380 - 387.

[63] KUMARSWAMY K N. Experimental and numerical analysis of structures with bolted-joints subjected to impact load[D]. Las Vegas: Mechanical Engineering University of Nevada, 2010.

[64] DANG HOANG T, HERBELOT C, IMAD A. On failure mode analysis in a bolted single lap joint undertension-shearing[J]. Engineering Failure Analysis,2012,24(2):

9 - 25.

[65] PAVAN KUMARD V T G, SATHIYA N S, KALYANA S　S, et al. Further numer-icaland experimental failure studies on single and multi-row riveted lap joints[J]. Engi-neering Failure Analysis,2012, 20(3):9 - 24.

[66] 中国航空研究院. 军用飞机疲劳 损伤容限 耐久性设计手册 第三册:损伤容限设计[M]. 北京:航空工业出版社,1994.

[67] 陈跃良,胡建军,卞贵学. 非共面双裂纹扩展相互作用的试验及模拟[J].应用力学学报,2012,29(5):585 - 589.

[68] 王志智,陈莉,聂学州.加筋板多处损伤疲劳裂纹扩展研究[J].机械强度,2004,26(5):107 - 109.

[69] 郁大照,陈跃良,柳文林,等.螺接搭接件的力学特性试验及三维有限元分析[J].机械强度,2011,6(1):855 - 861.

[70] 刘祖铭,曾凡阳,鲁礼菊,等. 环境对 LY12CZ 铝合金典型螺接件疲劳性能的影响[J]. 中国腐蚀与防护学报, 2004, 24(5):267 - 271.

[71] 陈跃良,卞贵学,郁大照. 预腐蚀铝合金典型螺栓单搭接件疲劳寿命研究[J]. 工程力学,2012,29(5):251 - 256.

[72] 陈跃良,卞贵学,衣林. 腐蚀和疲劳交替作用下飞机铝合金疲劳性能及断裂机理研究[J].机械工程学报,2012,48(20):70 - 76.

[73] 张正贵,张波,韩恩厚,等. 应力与腐蚀因素对连接件腐蚀疲劳寿命交互作用的研究[J].机械强度,2001,23(2):243 - 245.

[74] 胡建军,陈跃良,刘军,等. 飞机结构搭接件腐蚀试验研究[J]. 强度与环境,2011,38(4):49 - 53.

[75] ZHAO J F, XIE L Y, LIU J Z, et al. A method for stress intensity factor calculation of infinite plate containing multiple hole-edge cracks[J]. International Journal of Fa-tigue, 2012, 35(1):2 - 9.

[76] SCOTT E, STAPLETON　A M. Macroscopic finite element for a single lap joint [J]. AIAA,2009,25(1):2446 - 2449.

[77] GANG L, GUOQIN S, NICHOLAS C, et al. Effects of fastener clearance fit and fric-tion coefficienton the stress condition in triple-row riveted lap joints[J]. AIAA 2010,35 (2):3021 - 3025.

[78] WARUNA P, SENEVIRATNE J S, TOMBLI N, et al. Durability and residual strength assessment of F/A-18 A-D wing-root stepped-lap joint[J]. AIAA 2011,50 (32):7029 - 7032.

[79] JOHN W. Effects of design parameters on a single-lap, bolted joint: using internal and surfacestrain measurement techniques [D]. Michigan: Michigan State University, 2011.

[80] KUANG J H,CHEN C K. Use of Strip yield Approach for Multiple Site damage failure

scenallos[J]. Journal of Aircraft,2000,37(5):887-891.

[81] PROPPE C. Probability analysis of multiple-site damage in aircraft fuselage[J]. Computatinal Mechanics,2003,30(4):323-329.

[82] 徐晓飞,张志林,方如华.多处损伤的疲劳裂纹扩展分析方法研究[J].洪都科技,1999,20(2):8-12.

[83] 徐晓飞.飞机结构多裂纹损伤容限研究[J].洪都科技,2002,25(3):14-22.

[84] 徐晓飞.多裂纹损伤容限分析方法及其应用研究[D].上海:同济大学,1999.

[85] 王志智,陈莉,聂学州.加筋板多处损伤疲劳裂纹扩展研究[J].机械强度,2004,26(5):107-109.

[86] 周岳泉,王生楠.结构细节多裂纹扩展分析的新方法-变量优化法[J].航空学报,1995,16(2):178-181.

[87] 王生楠,方旭.改进的多裂纹扩展算法和程序设计[J].机械科学和技术,2004,23(8):985-987.

[88] 费斌军,童明波,刘文廷.含多裂纹结构的概率损伤容限评定方法[J].航空学报,1995,16(2):137-142.

[89] 张建宇,费斌军,赵丽滨.疲劳多裂纹扩展随机模型[J].北京航空航天大学学报,2000,26(4):396-399.

第 2 章　飞机搭接结构腐蚀及疲劳试验

海军飞机大多在沿海地区服役,腐蚀对飞机结构影响较大,直接影响着飞机寿命及飞行安全。飞机上常用的搭接结构更易产生腐蚀、疲劳和微动疲劳等,因此减轻和消除腐蚀及微动疲劳损伤对搭接结构的影响至关重要。本章模拟飞机服役环境编制实验室加速腐蚀环境谱,研究不同腐蚀条件下,单搭接件及宽板搭接件的腐蚀及疲劳特点,并研究微动和腐蚀对疲劳的影响。

2.1　海洋服役环境下飞机载荷/环境谱的编制

2.1.1　环境谱的编制

结合舰载机的服役环境特点,根据相关文献,编制了实验室加速腐蚀环境谱。以×型飞机某半封闭关键部位为研究对象,依据其在机体中所处的位置及服役环境中各气候条件编制局部加速腐蚀环境谱,分别进行实验室周期浸润加速腐蚀和自然环境暴晒。借助涂层宏观、微观形貌检测、色差、光泽度等常规性能检测和电化学极化曲线测试,对两种不同环境下试验件进行性能测试,最终确定一个加速谱周期为 30 min,浸泡 7.5 min,溶液外 22.5 min,每年的干湿交变次数为 23 次,当量总时间为 11.5 h。图 2-1-1、图 2-1-2 分别给出了加速试验谱与自然暴晒两种情形下不同参数的测试对比。结果表明,经过实验室 2 个周期加速腐蚀与自然环境暴晒 2 年的试验件性能变化规律一致,进一步验证了局部环境谱当量加速关系的准确性和可靠性。

(a)加速腐蚀试验

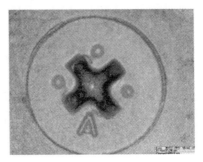

(b)自然暴晒试验

图 2-1-1　局部显微形貌对比

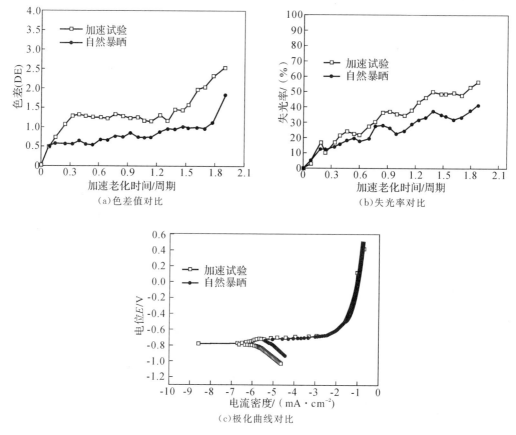

（a）色差值对比　　　　　　　　（b）失光率对比

（c）极化曲线对比

图 2-1-2　两种试验情形下的参数对比

2.1.2　含标定载荷疲劳试验谱的编制

对于搭接结构,扩展出钉头的裂纹长度可直接测量得到,但对钉头下裂纹的扩展历程目前还没有一种方便有效的方法。其扩展历程和前沿形状一般通过断面的扫描电子显微镜(Scanning Electron Microscope,SEM)分析得到。本试验用图 2-1-3 所示标定载荷和断面的 SEM 图像推导出裂纹前沿形状,但很重要的一点应确保标定载荷对裂纹扩展速率没有影响。

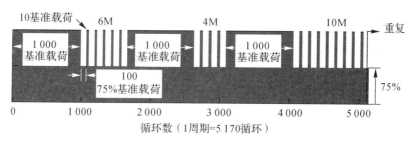

图 2-1-3　标定载荷谱

为了验证此方法的有效性，笔者做了两基准谱和两含标定载荷谱下的裂纹扩展试验。试验件采用含中心孔的 LY12CZ 铝合金结构。试验件尺寸为 300 mm×70 mm×2 mm，中心孔直径为 2 mm，为了加速试验和减小裂纹形成时间的分散性，在中心孔边垂直于加载方向预制两条对称的切口，长度均为 1 mm。试验结果表明，通过对标定载荷进行修正，可得到与基准谱下相似的裂纹扩展速率。

2.2　腐蚀电化学测量试验

将试件用铝合金线切割成 10 mm×10 mm×3 mm 的试验件，用直径为 3 cm 的聚氯乙烯（Poly Vinyl Chloride，PVC）管固定，预留 1 cm^2 的测试面，其余面均用环氧树脂固化封装（环氧树脂与固化剂三乙烯四胺的质量比为 11:1）。溶液中的电化学性能测试选择传统的三电极体系，安装方式如图 2-2-1 所示。

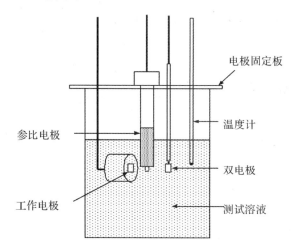

图 2-2-1　三电极体系电化学测量装置示意图

薄液膜电化学测量装置加装了温、湿度控制系统，如图 2-2-2 所示，测试溶液外部装有恒温水浴套筒，并与外部恒温循环水浴相接，测量装置外部加装有保湿腔，并与加湿器相连。

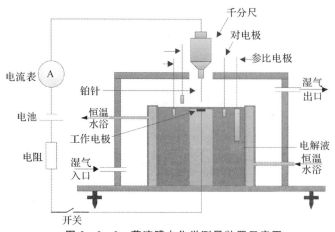

图 2-2-2　薄液膜电化学测量装置示意图

图 2-2-3 中两个温度(段)下,数据点基本重合,故 20~80℃范围内 NaCl 质量分数与相对湿度之间的关系均可用 20~25℃下的拟合公式表示:

$$NaCl(质量分数\%)=-2.261RH^2+2.914\ 34RH-0.650\ 769\ 6 \tag{2-2-1}$$

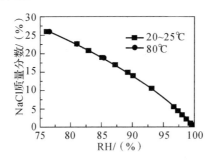

图 2-2-3 溶液 NaCl 质量分数与相对湿度(RH)的关系

为简化计算,可选 30℃下的曲线作为标准进行多项式拟合,即

$$\rho=1.392\ 74RH^2+1.622RH+0.769\ 63 \tag{2-2-2}$$

式中:ρ 为溶液密度,g/cm³;相关系数 R^2 为 0.999 81。假设薄液膜中的 NaCl 全部来源于铝合金表面的 NaCl 沉积,可得关系:

$$\rho\cdot h\cdot s=d\cdot S \tag{2-2-3}$$

式中:h 为薄液膜厚度,cm;S 为铝合金表面积,cm²;d 为铝合金表面 NaCl 沉积量,g/cm²。故薄液膜厚度可以表示为

$$h=d/\rho \tag{2-2-4}$$

将拟合公式(2-2-1)与式(2-2-2)代入式(2-2-4),获得薄液膜厚度与大气相对湿度(RH≥76%)、铝合金表面 NaCl 沉积量的关系式:

$$h=\frac{d}{(-2.261RH^2+2.914\ 34RH-0.650\ 769\ 6)(-1.392\ 74\ RH^2+1.622RH+0.769\ 63)}$$
$$\tag{2-2-5}$$

转动千分尺测量液膜厚度,当薄液膜厚度大于 30 μm 时,薄液膜厚度测量数据趋于稳定且重现性较好,薄液膜厚度与大气相对湿度的关系及测量数据结果见图 2-2-4,与拟合曲线吻合较好,说明 30℃下拟合的薄液膜厚度与大气相对湿度的关系曲线和试验结果相符。

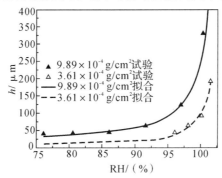

图 2-2-4 30℃下薄液膜厚度与相对湿度的关系及试验验证

以 NaCl 沉积量 9.89×10^{-4} g/cm² 为例，分别测量 20℃、40℃和 50℃下，液膜厚度与相对湿度的关系，如图 2-2-5 所示。可以看出，测量数据分布在拟合曲线两侧，有着较好的一致性，说明薄液膜厚度理论计算方法较为准确，可以应用在试验测量过程中，温、湿度保持不变，薄液膜厚度也保持相对稳定状态。

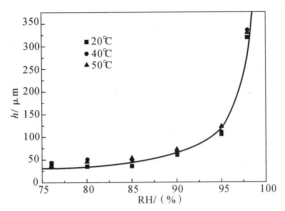

图 2-2-5　不同温度下薄液膜厚度与相对湿度的关系及试验验证

2.3　预腐蚀条件下单排螺栓搭接件疲劳试验

2.3.1　试验件

所用搭接件为三向单排螺栓纵连接（见图 2-3-1），材料为 2A12 铝合金，表面经阳极化处理。螺栓孔为沉孔，孔间距为 20 mm，孔直径为 4 mm，螺栓材料为 ML30CrMnSiA，螺栓与孔间装配方式为无干涉配合，该试验件是根据美国材料与试验协会（American Society of Testing，ASTM）标准制造的一种紧固件形式。

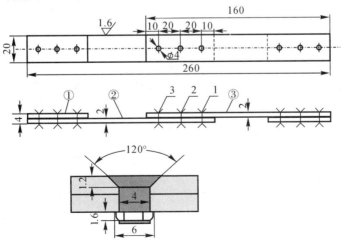

图 2-3-1　搭接件示意图（单位：mm）

2.3.2　腐蚀试验

参考相关文献中加速腐蚀试验环境谱编制方法,并考虑飞机服役环境的复杂性(高温、高湿,海洋气候,化学介质,紫外线照射等联合作用),编制预腐蚀试验环境谱:

(1)为模拟酸性气体和盐雾的作用,用 pH＝4±2、溶液温度为(40±2)℃酸性 NaCl 溶液浸泡。具体调试方法为将 5％的稀硫酸加入 3.5％的 NaCl 溶液中,用 pH 计测定其 pH。

(2)为模拟凝露和潮湿空气的作用,设定空气温度和湿度分别为(40±2)℃和 RH＝90％～100％,并调节用于烘干试件的远红外线功率,保证在即将浸入溶液时试件恰好被烘干。一个预腐蚀试验加速谱周期为溶液外 22.5 min,浸泡 7.5 min,共为 30 min。

腐蚀试验的实施要求具体如下:除螺栓搭接部位,试件其他部位都用密封胶密封,试验过程中,用笔式 pH 计测量溶液 pH 的时间间隔为 4 h。若 pH 在规定的范围内,则更换溶液的时间间隔为 24 h;若 pH 不在规定的范围内,则立即更换溶液。同时,试件位置应每隔 12 h 重新摆放,以减少摆放位置的影响。如图 2-3-2 所示,预腐蚀试验所用设备为周期浸润腐蚀试验箱,型号为 ZJF-09G。每组试验取 3 个试验件,腐蚀时间分别为 0 d、30 d 和 60 d,图 2-3-3 为腐蚀 60 d 的搭接件。

图 2-3-2　周期浸润腐蚀试验箱

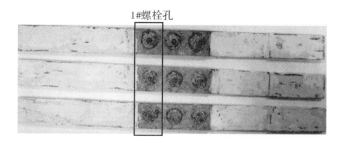

图 2-3-3　预腐蚀 60 d 的试验件

2.3.3　疲劳试验

在室温下,对不同预腐蚀时间搭接件进行疲劳试验,设备为 MTS810 疲劳试验机,加载轴向等幅。设定试验条件为:频率 $f＝6$ Hz,应力比 $R＝0.1$,最大应力 180 MPa。不同腐蚀时间搭接件的疲劳试验结果见表 2 - 3 - 1,从表中可以看出,腐蚀 30 d 的搭接件平均疲劳寿命减小不太明显,腐蚀 60 d 的搭接件平均疲劳寿命明显降低。

表 2 - 3 - 1　搭接件疲劳试验结果

腐蚀时间	试件编号	疲劳寿命/循环	寿命均值/循环
未腐蚀	1	5 070	5 503
	2	5 579	
	3	5 860	
预腐蚀 30 d	4	4 991	4 969
	5	5 015	
	6	4 901	
预腐蚀 60 d	7	3 125	3 406
	8	3 164	
	9	3 929	

2.3.4　断口宏微观分析

观察断裂试件发现,所有试件断裂位置都位于 1# 螺栓孔沉孔处,该螺栓孔靠近施加载荷端。这主要是由于传递载荷和旁路载荷引起较大张应力作用,最外面的一排铆钉处则为疲劳关键部位,并且次弯曲在这一位置达到最大值。

用体视显微镜对断裂试件进行观察发现,在螺栓和螺栓孔处都有微动磨损(见图 2 - 3 - 4),而且在微动磨损的边缘处都有裂纹萌生,虽然从外表面看并没有明显可见裂纹,但是裂纹已经在接触面内部萌生,说明微动损伤产生的裂纹比较隐蔽,不易被发现,而且微动磨损与搭接件的断裂有关。

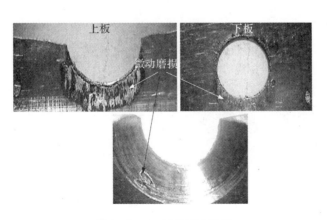

图 2 - 3 - 4　试件微动磨损

通过用 ULTRA55 扫描电子显微镜对所有断口的进一步观察,发现有微动磨屑存在的位置,大多都有微动裂纹产生(见图 2-3-5 螺栓孔处螺栓体区微动裂纹)。在一些微动损伤较轻的区域也有许多裂纹,这些裂纹可能是由材料中的孔隙或夹杂(第二相粒子),及加工制造划痕引起的(见图 2-3-6)。通过断口分析,图 2-3-7 给出了微动裂纹成核可能产生的位置,表 2-3-2 给出了未腐蚀搭接件微动磨屑位置及磨屑处裂纹数。基于螺栓孔表面和微动处裂纹表面的检查发现,裂纹成核通常发生在螺栓孔处靠近螺栓孔沉孔区的螺栓体区(见图 2-3-7 位置 3 处)。

图 2-3-5 螺栓孔处螺栓体区微动裂纹 SEM 图

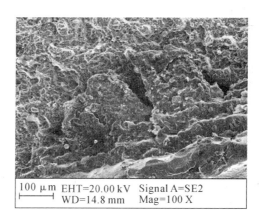

图 2-3-6 孔隙或夹杂处产生的裂纹 SEM 图

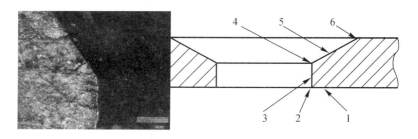

图 2-3-7 微动裂纹成核位置

表 2 - 3 - 2　微动磨屑位置及磨屑处裂纹数

序号	位　置					
	1	2	3	4	5	6
1			5	1		
2		1	3		2	
3		2	2	2	1	

　　铝合金搭接结构腐蚀形式主要有点蚀、均匀腐蚀、晶间腐蚀、剥蚀、应力腐蚀、缝隙腐蚀和电偶腐蚀等。均匀腐蚀和点蚀主要发生在搭接件的外表面,主要特征为金属表面变暗、粗糙,去除腐蚀沉淀后有凹坑。在螺栓孔处主要发生电偶腐蚀和晶间腐蚀,开始时为电偶腐蚀,金属为阳极,钢铆钉为阴极。随着腐蚀进一步扩展,进一步发生晶间腐蚀,此时纹理边界是金属和钢螺钉两者的阳极。缝隙腐蚀主要发生在搭接面间,主要是由于缝隙内电解液包含很少氧气和较多的金属离子。

　　对于预腐蚀搭接件,从微观观察分析可知,在螺栓孔沉孔处有微动磨损,表面有划痕和磨屑,在螺栓孔边接触面内表面和螺栓垫片与接触面处有少量微动磨屑,对于预腐蚀 30 d 的搭接件,疲劳裂纹主要从螺栓孔处靠近螺栓孔沉孔区的螺栓体区萌生、扩展并导致最终断裂,裂纹主要还是由微动引起。对于预腐蚀 60 d 的搭接件,疲劳裂纹主要从内表面孔边缘处萌生、扩展并导致最终断裂。导致搭接件失效的裂纹萌生于搭接件内表面处,并表现为多裂纹成核。因此,对于腐蚀较严重的搭接件,由于腐蚀坑的主导作用,裂纹由蚀坑处萌生并扩展,此时微动作用引起的裂纹产生较晚,并不占主导作用。

　　上述现象可用微动疲劳机理来解释,当搭接件腐蚀较轻时,腐蚀坑较小,在微动磨损作用下会相互贯通脱落,这样材料表面就不会产生微裂纹,因此就延缓了微裂纹的萌生与扩展。这也是腐蚀较轻时,寿命缩短幅度较小的原因。但是随着材料的脱落,脱落的材料会氧化生成很多氧化颗粒,在交变应力及接触应力作用下,氧化颗粒会对金属表面产生新的磨蚀坑,使金属表面产生应力集中和塑性变形,进而使蚀坑底部产生疲劳裂纹。

　　对于腐蚀较严重的搭接件,蚀坑尺寸较大,虽然微动磨损能使表层材料脱落,但并不能消除蚀坑,在接触拉应力和主拉应力作用下,裂纹在蚀坑处迅速成核并扩展,并且磨屑及腐蚀产物进入裂纹内部,对裂纹扩展起到一定的促进作用,这也是搭接件腐蚀较重时,微动疲劳寿命缩短幅度较大的原因。上述结果与早期研究非常一致,早期 Vingsbo 等研究发现,裂纹磨损和裂纹填充速率影响裂纹扩展,当裂纹磨损速率较大时,产生的裂纹由于磨损的作用而消失,不会发生扩展,因此疲劳寿命增加。但若裂纹填充速率较大,则由于磨损速率太小,不能及时磨掉表面产生的小裂纹,而同时产生的磨屑又进入裂纹中,使裂纹发生扩展。因此,对于腐蚀较重的搭接件,本身就有大量腐蚀产物,磨损速率相对很小。因此,磨屑及腐蚀产物促进裂纹扩展。

2.4　疲劳与腐蚀交替作用下宽板搭接件疲劳试验

2.4.1　宽板试验件

　　为更能真实地模拟腐蚀对疲劳的影响,试验件必须具有真实结构的力学特性、载荷历程、材料、应力水平和环境。笔者与 601 所和 603 所合作,设计了某型飞机机身搭接结构的宽板铆接搭接件,采用两种钉孔形式、三种材料、三种连接方式。笔者委托西飞公司完成试验件的加工,并参照实际飞机防护体系,对试验件搭接部位进行了防护。图 2-4-1 和图 2-4-2 所示为试件设计图、实物图及试件在疲劳试验机上的安装图。

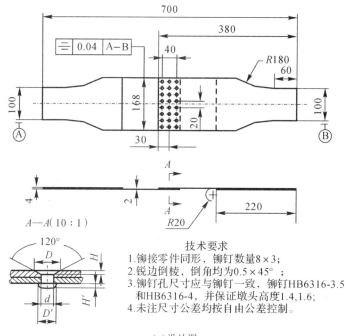

技术要求

1.铆接零件同形,铆钉数量8×3;
2.锐边倒棱,倒角均为0.5×45°;
3.铆钉孔尺寸应与铆钉一致,铆钉HB6316-3.5和HB6316-4,并保证墩头高度1.4,1.6;
4.未注尺寸公差均按自由公差控制。

(a)设计图

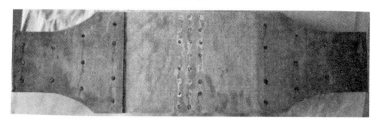

(b)实物图

图 2-4-1　宽板搭接件

图 2-4-2　试件疲劳试验安装图

按照试验方案,共进行基准疲劳试验、预腐蚀疲劳试验、腐蚀-疲劳交替试验 3 种试验,疲劳拉断后的部分试验件如图 2-4-3 所示。

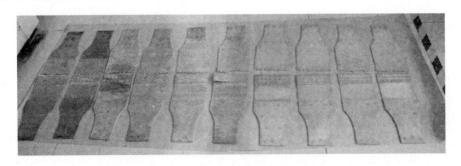

图 2-4-3 疲劳拉断后的试验件

2.4.2 基准试验结果

从两类试验件中各取两个,按照疲劳载荷谱进行疲劳试验,试验结果见表 2-4-1。

表 2-4-1 基准试验疲劳寿命

试验件种类	试件数量/个	疲劳寿命/循环
3.5 mm	2	361 723、357 812
4 mm	2	321 457、334 783

试验件均在边缘铆钉处出现裂纹,然后扩展断裂,断裂后的试验件如图 2-4-4 所示。

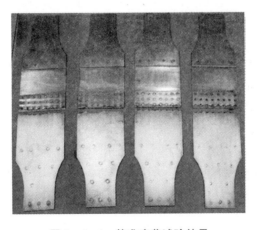

图 2-4-4 基准疲劳试验结果

在所有钉孔处都有磨损现象,但在上排裂纹形成处更为严重。在内板发现了很明显的额外损伤,这些位置裂纹的产生是由外板引起的。本试验件没有在沉孔处发现明显的多裂纹形成现象。

试件中裂纹扩展的高一致性说明了 MSD 的潜在危害。相对于其他试件,大量的活动裂尖看起来延迟了第一次的连通。在最后的连通前,最大的裂尖间距离为 23 mm,在大约 300 循环内,3 个裂纹连通发生并形成 84 mm 的主裂纹。如果试件中同样的事情发生,形成 508

mm(两加强框间距离)的主裂纹,则 MSD 导致的后果就很严重了。基于看到的现象,可以说,在同样裂纹模式下,许多 13 mm 长的裂纹会很快连通并形成 300~380 mm 长的主裂纹。

2.4.3　铆钉更换条件下疲劳试验结果

采用小尺寸铆钉的试验件有两个,此时可消除沉孔处锋利的边缘和小的钉头尺寸,其他尺寸没有变化。两个试验件都表现出了较大的疲劳强度,形成的裂纹都出现在上板的最外排。不像基准试验,有的裂纹出现在内板的最后一排。

铆钉的变化对疲劳行为有很大的影响。相对于基准试验,可以发现有 3 个明显的趋势:形成寿命长,内板形成裂纹,第二弯矩减小。基于上面两个试验,小铆钉时,上排和后排对裂纹形成的敏感性相同:R-1 在上排产生第一个裂纹,R-2 在后排。上排沉孔的危害性被降低,而镦头面的危害性增加。结果说明,飞机结构更换小铆钉时,会增加内板产生裂纹的危险性,且内板上的裂纹不易被检测到。

2.4.4　预腐蚀和疲劳试验

取 3 个 4 mm 试验件先腐蚀 15 d,然后按照疲劳载荷谱进行疲劳试验,试验件断裂直至所有孔边裂纹完全连通结束。疲劳试验结果见表 2-4-2。

表 2-4-2　预腐蚀试验疲劳寿命

试验件种类	试件数量/个	疲劳寿命/循环
4 mm	3	261 455、257 561、265 135

与基准疲劳试验相比,预腐蚀疲劳缩短疲劳寿命(到可视裂纹)38%,但 MSD 的形成不统一,腐蚀与疲劳交替进行,产生了更严重的腐蚀损伤和较统一的 MSD,但到可视裂纹时,疲劳寿命的降低相对没那么严重。

2.4.5　腐蚀和疲劳交替试验

选取 3 件 4 mm 试验件,开展腐蚀-疲劳交替试验。试验顺序如下:
(1)先预疲劳 5 170 c(标定载荷的一个周期);
(2)再腐蚀 5 d;
(3)疲劳 5 170 c(标定载荷的一个周期);
(4)腐蚀 10 d;
(5)试验到所有孔边裂纹完全连通。
疲劳试验结果见表 2-4-3。

表 2-4-3　腐蚀—疲劳交替试验疲劳寿命

试验件种类	试件数量/个	疲劳寿命/循环
4 mm	3	203 549、197 246、205 876

交替试件呈现的腐蚀水平的平均值和最大值都比预腐蚀试件大,尽管两者的腐蚀时间相同。与纯疲劳试验的平均值相比,这种情形下出现的腐蚀,对所有交替试件形成寿命的平均值的影响不明显。腐蚀与疲劳交替作用对总寿命的影响相对较小,与纯疲劳相比,在每个过程里只占很小一部分。在交替试件中的腐蚀较重表明,疲劳损伤与腐蚀可能以某种方式有相互作用,尽管它们是顺序发生的。最有可能的是,疲劳损伤点对侵蚀更敏感,导致了在钉孔处的严重腐蚀,从而使形成寿命缩短。

2.5　小　　结

结合舰载机的服役环境特点进行腐蚀试验和疲劳试验,是研究海洋环境下飞机搭接结构腐蚀和疲劳特点的有效手段。断口分析表明,单排螺栓搭接件的疲劳裂纹都萌生于微动磨损的边缘处。对于未腐蚀和腐蚀较轻的搭接件,裂纹一般起源于螺栓孔处靠近螺栓孔沉孔区的螺栓体区,微动损伤占主导作用。对于腐蚀较重的搭接件,在接触应力和主拉应力作用下,裂纹在蚀坑处迅速成核并扩展,腐蚀占主导作用。对于宽板搭接件:与基准疲劳试验相比,预腐蚀疲劳缩短疲劳寿命38%,但 MSD 的形成不统一;腐蚀与疲劳交替进行时产生更严重的腐蚀损伤和较统一的 MSD,但到可视裂纹时,疲劳寿命的降低相对没那么严重。

参 考 文 献

[1] 穆志韬,熊玉平.飞机结构主体材料腐蚀损伤特点分析[J].材料保护,2001,34(12):49 - 50.
[2] 文邦伟,李继红.铝和铝合金在热带海洋地区大气腐蚀[J].表面技术,2004,33(6):65 - 75.
[3] 曹楚南.中国材料的自然环境腐蚀[M].北京:化学工业出版社,2005.
[4] 韩德盛,贾欣茹.LY12 铝合金在模拟海洋大气环境中的加速腐蚀试验[J].腐蚀与防护,2010,31(12):926 - 928.
[5] 韩德盛,李荻.LY12 铝合金在海洋大气环境下加速腐蚀试验和外场暴露试验的相关性[J].腐蚀与防护,2008,29(3):119 - 132.
[6] 刘文珽,李玉海.飞机结构日历寿命体系评定技术[M].北京:航空工业出版社,2004.
[7] 张有宏,吕国志,任克亮,等.腐蚀环境下飞机结构广义全寿命分析模型.机械强度[J].2007,29(4):653 - 656.
[8] 杨晓华.腐蚀累积损伤理论研究与飞机结构日历寿命分析[D].南京:南京航空航天大学,2002.
[9] 陈跃良,金平,林典雄,等.海军飞机结构腐蚀控制及强度评估[M].北京:国防工业出版社,2009.
[10] 孙祚东.军用飞机典型铝合金结构腐蚀损伤规律及使用寿命研究[D].哈尔滨:哈尔滨工程大学,2005.
[11] HOJJATI T R, WAHAB M A. Fretting fatigue crack initiation lifetime predictor tool using damage mechanics approach[J]. Tribol Int, 2013, 60(10): 176 - 186.
[12] VINGSBO O, SöDERBERG S. On fretting maps[J]. Wear, 1998,126(2):131 - 147.

第3章 飞机搭接结构的微动疲劳分析

试验分析发现,尽管微动疲劳接触机制总体上是弹性的,但也会有局部塑性区,塑性变形是微动疲劳中的组成部分。塑性变形产生的残余应力场会改变接触面附近的应力应变范围而影响裂纹成核,使裂纹过早成核,引起构件失效。人们对微动接触有限元分析很多,但大多只考虑应力-应变的弹性变化,很少考虑塑性影响分析,且大多只见于国外的一些文献资料。本章在接触力学分析的基础上,建立圆柱/平面接触微动疲劳有限元模型,考虑塑性影响进行有限元分析,分析接触面塑性应变,并研究微动疲劳主要变量对局部塑性的影响和塑性对微动损伤的影响,最后讨论最大局部塑性位置与 Ruiz 微动损伤参数之间的关系。

3.1 基于弹塑性的搭接结构接触力学分析

3.1.1 静止接触状态

图 3-1-1 给出了圆柱/平面微动疲劳接触示意图。

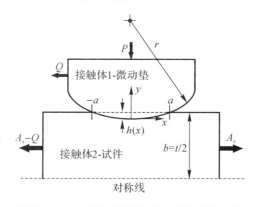

图 3-1-1 圆柱/平面微动疲劳接触示意图

图 3-1-1 中 A_s 表示微动试件的横截面积,σ 表示轴向载荷,P 是施加的接触载荷,Q 是切向载荷,t 是试件厚度,b 是试件半厚,r 是微动垫半径。

根据 Hills 和 Nowell 的位移关系,可以假定接触区域已知点在 y 方向的位移为 $v_1(x)-v_2(x)$,接触区域存在的如下关系:

$$\frac{1}{A_*}\frac{\delta h(x)}{\delta x}=\frac{1}{\pi}\int\frac{p(\zeta)}{x-\zeta}\mathrm{d}\zeta-\beta q(x) \tag{3-1-1}$$

式中:$h(x)=v_1(x)-v_2(x)$ 是两接触体因接触引起的变形量,下标 1 和 2 分别表示接触体 1 和接触体 2;q 是表面剪应力;p 是接触区域压力;A_* 和 β 为材料常数,其定义如下:

$$A_*=2\left(\frac{1-v_1^2}{E_1}+\frac{1-v_2^2}{E_2}\right) \tag{3-1-2}$$

$$\beta=\frac{1}{2A_*}\left(\frac{1-2v_1}{E_1}-\frac{1-2v_2}{E_2}\right) \tag{3-1-3}$$

式中:E 是弹性模量;v_1,v_2 是泊松比。

基于以上假设,切向位移表示为 $g(x)=u_1(x)-u_2(x)$,可得类似方程为

$$\frac{1}{A_*}\frac{\delta g(x)}{\delta x}=\frac{1}{\pi}\int\frac{q(\zeta)}{x-\zeta}\mathrm{d}\zeta-\beta p(x) \tag{3-1-4}$$

在本书中,由于接触体选用同类材料,则 $\beta=0$,式(3-1-4)可进一步简化。根据 Hertz 理论,当在一定的接触载荷下发生微动时,黏着区邻近点的位移基本相同,由接触载荷引起的压力分布可表示为

$$p(x)=p_0\sqrt{1-\left(\frac{x}{a}\right)^2} \tag{3-1-5}$$

式中:p_0 是最大压力;a 为接触半宽。

在两接触体弹性相似情况下,a 和 p_0 可分别表示为

$$a=\left(\frac{4PR}{\pi E^*}\right)^{1/2} \tag{3-1-6}$$

$$p_0=\frac{2P}{\pi a}=\left(\frac{PE^*}{\pi R}\right)^{1/2} \tag{3-1-7}$$

式中:R 为等效半径,且有 $\frac{1}{R}=\frac{1}{R_1}+\frac{1}{R_2}$,$R_1$ 和 R_2 分别是微动垫半径和试件半径。对弹性模量 E^*,有

$$\frac{1}{E^*}=\frac{1-v_1^2}{E_1}+\frac{1-v_2^2}{E_2} \tag{3-1-8}$$

对同种材料圆柱/平面接触,等效半径则为微动垫半径,弹性模量 $E^*=E/2(1-v^2)$。

此外,在笛卡儿坐标系中,由接触压力 p 引起的轴向应力可表示为

$$\sigma_{xx}=-p_0\left(\frac{\sqrt{a^2-x^2}}{a}\right) \tag{3-1-9}$$

同样,剪应力在接触面的分布可表示为

$$q(x)=\frac{C}{\sqrt{a^2-x^2}} \tag{3-1-10}$$

式中:$C=Q/\pi$,Q 为切向力,可通过对接触面剪应力进行积分得到,表达式为

$$Q=\frac{fp_0\pi}{2a}(a^2-c^2) \tag{3-1-11}$$

式中:f 为摩擦因数;c 为黏着半宽。

3.1.2　部分滑移状态

在循环应力作用下,试件内部产生变化的拉应力,黏着区/滑移区在接触面上发生变化。

对圆柱/平面接触,拉应力在接触界面的分布为

$$\sigma_{xx} = \begin{cases} p_0\sqrt{1-\dfrac{x^2}{a^2}} & (|x|<c) \\[3mm] -2fp_0\left(\dfrac{c}{a}\sqrt{\dfrac{x^2}{c^2}-1}-\sqrt{1-\dfrac{x^2}{a^2}}\right) & (a\geqslant x\geqslant c) \\[3mm] 2fp_0\left(\dfrac{c}{a}\sqrt{\dfrac{x^2}{c^2}-1}-\sqrt{1-\dfrac{x^2}{a^2}}\right) & (-c\geqslant x\geqslant -a) \end{cases} \quad (3-1-12)$$

σ_{xx} 在接触区两端 $x=\pm c$ 取得最大和最小值,其最大拉应力为 $\sigma_{xx}=2fp_0\sqrt{1-\dfrac{c^2}{a^2}}$。

图 3-1-2 给出了圆柱/平面部分滑移接触示意图,黏着半宽 c 与接触半宽 a 的关系为

$$\frac{c}{a} = \sqrt{1-\left|\frac{Q}{fP}\right|} \quad (3-1-13)$$

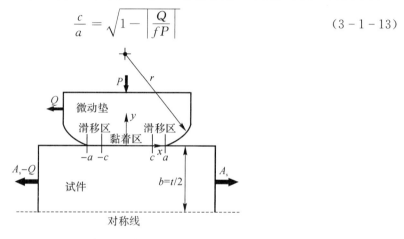

图 3-1-2　圆柱/平面部分滑移接触示意图

当切向力 Q 增大时,黏着区减小,滑移区增大;若 $\dfrac{Q}{fp}\to 1$,则 $\dfrac{c}{a}\to 0$,即发生完全滑移。剪切力 $q(x)$ 是滑移的驱动力,剪切力符合库仑(Coulomb)定律,表达式为

$$q(x)=q''(x)+q'(x) \quad (|x|\leqslant a) \quad (3-1-14)$$

$$q''(x)=-fp_0\sqrt{1-\frac{x^2}{a^2}} \quad (|x|\leqslant a) \quad (3-1-15)$$

$$q'(x)=0 \quad (c<|x|<a) \quad (3-1-16)$$

$$q'(x)=fp_0\frac{c}{a}\sqrt{1-\frac{x^2}{c^2}} \quad (|x|\leqslant c) \quad (3-1-17)$$

图 3-1-3 给出了剪切力分布的简单表示。

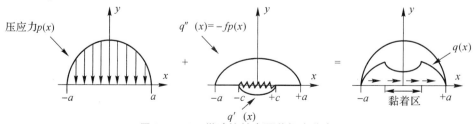

图 3-1-3　微动接触表面剪切力分布

如图 3 - 1 - 4 所示,在循环应力作用下,严格来说微动接触界面中心线和黏着区的中心线不在一直条线上,会产生一个心偏距 e,其偏心距表达式为

$$e = \frac{Sa}{4fp_0} \qquad (3-1-18)$$

式中 :$S = \dfrac{E\varepsilon_{xx}}{1-v^2}$;ε_{xx} 是由轴向拉应力 σ_{xx} 引起的应变。

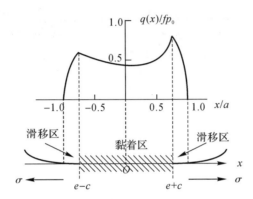

图 3 - 1 - 4　滑移区和黏着区应力变化示意图

剪切应力在考虑偏移距离时,其在黏着区和滑移区的分布如下 :

$$q(x) = fp_0 \sqrt{1 - \frac{x^2}{a^2}} \qquad (c \leqslant |x| \leqslant a)$$

$$q(x) = fp_0 \left[\sqrt{1 - \frac{x^2}{a^2}} - \frac{c}{a} \sqrt{1 - \frac{(x-e)^2}{c^2}} \right] \qquad (-c \leqslant x \leqslant c) \qquad (3-1-19)$$

图 3 - 1 - 5 给出了在 $P = 450$ N,$\sigma = 331$ MPa,$r = 115$ mm 部分滑移条件下,不考虑偏心距影响,接触面压力和剪切力解析解分布曲线。

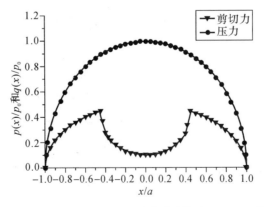

图 3 - 1 - 5　压力和剪切力分布曲线 $[Q/(fP) = 0.5]$

3.2　应力-应变响应及塑性

在很多情况下,构件在交替载荷反复作用下会导致材料的非线性响应。有很多因素(如表面粗糙度、磨屑、表面氧化物、接触应力、循环应力、摩擦因数等)影响接触面塑性变形的程度。

在循环载荷作用下,根据应变分布时间历程的不同,循环塑性应变行为可分为 3 种基本行为,即弹性安定、循环塑性(塑性安定)和塑性棘轮,如图 3-2-1 所示。对于给定点的应变历程可分为棘轮部分和循环塑性应变部分(见图 3-2-2 上端应变曲线)。棘轮应变 $\Delta\varepsilon_{ij}^r$ 可定义为两个连续循环相应时间的应变值的差,具体表示为

$$\Delta\varepsilon_{ij}^r = \varepsilon_{ij}^{pl}(t_{i+1}) - \varepsilon_{ij}^{pl}(t_i) \tag{3-2-1}$$

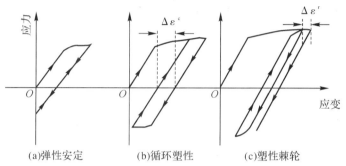

图 3-2-1　塑性应变行为稳定状态响应

循环塑性应变 $\Delta\varepsilon_{ij}^c$ 可定义为给定循环的总应变范围减去式(3-2-1)计算的棘轮应变,即

$$\Delta\varepsilon_{ij}^c = (\varepsilon_{ij}^{pl})_{max} - (\varepsilon_{ij}^{pl})_{min} - \Delta\varepsilon_{ij}^r \tag{3-2-2}$$

有效循环塑性应变增量 $\Delta\varepsilon_c^{pl}$ 和有效棘轮应变增量 $\Delta\varepsilon_r^{pl}$ 分别定义如下:

$$\Delta\varepsilon_c^{pl} = \sqrt{\frac{2}{3}\Delta\varepsilon_{ij}^c \Delta\varepsilon_{ij}^c} \tag{3-2-3}$$

$$\Delta\varepsilon_r^{pl} = \sqrt{\frac{2}{3}\Delta\varepsilon_{ij}^r \Delta\varepsilon_{ij}^r} \tag{3-2-4}$$

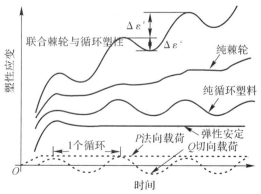

图 3-2-2　载荷历程和塑性应变历程示意图

这些参数用来描述塑性区每一点的应变响应特性,实际塑性应变历程和对载荷参数有效测量依赖的例子参见相关文献。利用这些量,塑性区可以映射到由每一个响应类型控制的区域,其中棘轮区定义为 $\Delta\varepsilon_r^{pl} > \Delta\varepsilon_c^{pl}$ 的区域,循环塑性区定义为 $\Delta\varepsilon_r^{pl} < \Delta\varepsilon_c^{pl}$ 的区域,弹性安定区定义为棘轮应变值和循环应变值小于截止应变值的区域,即 $(\Delta\varepsilon_r^{pl},\Delta\varepsilon_c^{pl}) \leqslant C_{\text{cut-off}}$,对于构件微动模型 $C_{\text{cut-off}}$ 的取值为 $0.01\varepsilon_y$。

3.3　微动疲劳参数对局部塑性的影响

根据损伤机制的不同,微动疲劳失效过程分为 4 个阶段,不考虑损伤机制影响主要就是裂纹成核和裂纹扩展这两个阶段。在实际应用和试验中,由于微动导致的微裂纹常常在两接触构件中间,具有隐蔽性,很难被发现,这样难以区分裂纹成核和裂纹扩展两个阶段,因此用数值模拟分析微动疲劳非常可取。有限元分析的优点之一是它能提供一些通过试验和解析法不能获得的信息。根据施加的载荷状态,通过有限元分析能得到接触区的局部参数,从而根据局部参数和局部应力得到预测参数。由于裂纹成核过程与接触面局部塑性变形有关,初始裂纹扩展与接触应力和远场应力有关,因此在裂纹成核和早期裂纹扩展阶段,接触应力的作用非常重要。本节在考虑材料塑性作用下进行有限元分析。

3.3.1　有限元模型

对于 2A12 铝合金材料,其屈服强度、弹性模量和泊松比分别为 $\sigma_y = 342$ MPa,$E = 69.6$ GPa,$\upsilon = 0.33$。由于结构具有对称性,用 ABAQUS 有限元软件对整个结构的一半进行建模,模型包括试件和微动垫。分析模型试件的宽度和高度分别为 20 mm 和 1.75 mm,微动垫的宽度和高度分别为 10 mm 和 12 mm,试件和微动垫的深度都为 10 mm。固定试件底端在 Y 方向的移动,并固定微动垫左端和右端在 X 方向的移动。此外,为保证微动垫顶端各节点的位移相同,且防止由于施加载荷引起微动垫转动,在该面上施加了多点约束。同时,在不同单元网格尺寸边界也施加了多点约束,防止自由节点进入网格尺寸较大的临近单元。

在本书中,对微动疲劳接触模拟模型进行改进,所建模型为二维模型,采用四节点双线性平面应变四边形非协调单元(CPS4I)。试件和微动垫接触定义为主-从接触,微动垫下端底面为接触主面,试件上表面为接触从面。载荷分三步施加:第一步首先施加接触载荷 P,使微动垫与试件之间建立接触关系;第二步分别在试件右端和试件左端施加最大轴向应力 σ 和响应应力 σ_r,与试验中施加最大循环载荷状态一致;第三步分别在试件右端和试件左端施加最小轴向应力 σ 和响应应力 σ_r,与试验中施加最小循环载荷状态一致。响应应力可以通过下式计算:

$$Q = \frac{F - F_r}{2} \tag{3-3-1}$$

$$\sigma_r = \sigma - Q/A_s \qquad\qquad (3-3-2)$$

式中:F 为施加于试件下端的轴向力;F_r 为试件上端的响应轴向力,通过测力传感器测得;Q 为切向力;A_s 为分析模型试件横截面积。有限元模型如图 3-3-1 所示。在改进的有限元模型中,由于施加的轴向应力和响应应力值的差使试件产生微动。

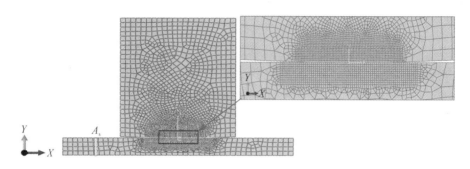

图 3-3-1 微动疲劳有限元分析模型

通过 ABAQUS 主-从算法,能确定主面和从面哪些节点相互作用,从而建立接触法则,计算两接触面的载荷转移。由于接触区应力较高并且应力分布比较复杂,因此要对接触区网格进行细化。本书选择微动垫网格细化深度为 $800~\mu m$,而微动垫网格细化宽度随微动垫尺寸而定($>800~\mu m$),试件网格细化深度也为 $800~\mu m$。

3.3.2 塑性应变分析

在微动疲劳接触模型有限元分析中,可以考虑的一些塑性模型有弹性/完全塑性、各向同性应变硬化、动态应变硬化。塑性区包括安定区、循环塑性区和棘轮区,安定区指在最初循环中产生塑性应变,随后随着循环载荷增加,塑性应变不发生变化。循环塑性区指产生循环塑性应变,且最大塑性应变幅度不变,而棘轮区指随着循环载荷的增加,塑性应变持续增加。相关文献研究表明,材料塑性变形量不受塑性模型选取的影响,但是与其他塑性模型相比,应用动态应变硬化模型,塑性应变区中的棘轮面积明显降低。此外,循环塑性应变对循环载荷和应变硬化不敏感,而棘轮效应则对循环载荷和应变硬化非常敏感。Kindervater 等对 7075 铝合金和 2024 铝合金的微动疲劳研究表明,这些特性对应变速率并不敏感,因此他们用各向同性硬化弹塑性模型来模拟微动疲劳。本书用双线性弹塑性本构方程来对 2A12 铝合金微动疲劳接触弹塑性响应进行分析,该方程用 Von Mises 屈服准则来体现各向同性硬化。

一些研究表明,在微动疲劳一两个循环后,塑性区塑性应变稳定,不再增加。因此,在本书中,对于每个试验条件,用 3 个循环载荷来模拟实际塑性区尺寸。在塑性有限元分析中,为了研究接触区的塑性变形,取接触区前缘和后缘的几个节点来分析,用于分析的节点如图 3-3-2 所示,其中节点 2314 和节点 732 位于接触的后缘,节点 649 位于接触的前缘。图 3-3-3 和图 3-3-4 给出了各个节点随循环载荷增加有效塑性应变的变化曲线,从图中可以看出,相比于循环塑性应变,塑性棘轮应变占主导,且随着循环载荷的增加,接触后缘的节点产生较大的塑性应变,位于接触区后缘的节点 2314 棘轮行为非常严重,而接触前缘的节点 649 则只产生弹性安定,且随着轴向载荷的增大,塑性变形越来越严重。

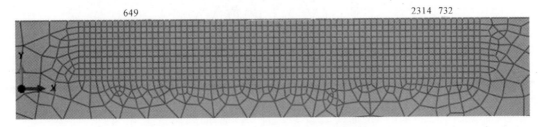

图 3 - 3 - 2　节点位置示意图

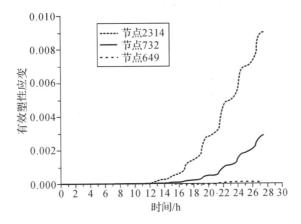

图 3 - 3 - 3　节点塑性应变($P = 450$ N,$r = 180$ mm,$f = 0.5$,$\sigma = 180$ MPa)

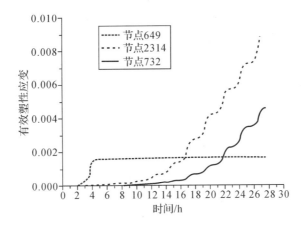

图 3 - 3 - 4　节点塑性应变($P = 450$ N,$r = 180$ mm,$f = 0.5$,$\sigma = 331$ MPa)

　　为了深刻理解循环载荷作用下的棘轮效应,图 3 - 3 - 5 和图 3 - 3 - 6 给出了 $P = 450$ N,$r = 180$ mm,$f = 0.5$,$\sigma = 331$ MPa 载荷作用下接触后缘节点 2314 和节点 732 剪应力-剪应变

变化曲线。由图3-3-5和图3-3-6可以看出,随着塑性应变的增加,剪应力最大值和最小值趋于稳定。

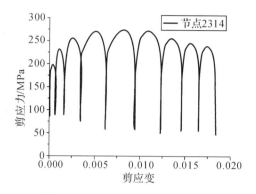

3-3-5 节点2314剪应力-剪应变变化曲线

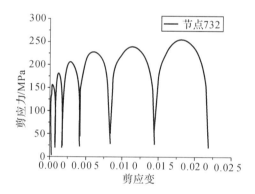

3-3-6 节点732剪应力-剪应变变化曲线

图3-3-7给出了$P=450$ N,$r=180$ mm,$f=0.5$,不同轴向载荷作用下接触区的相对滑动幅度,从图可以看出:相比于接触前缘,接触后缘的滑动幅度较大。

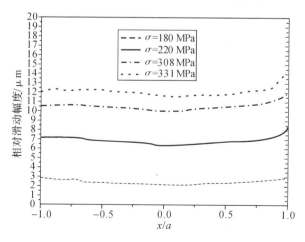

图3-3-7 相对滑动幅度比较

图 3-3-8 和图 3-3-9 分别给出了 $P=450$ N，$r=180$ mm，$f=0.5$，$\sigma=331$ MPa 时的轴向应力塑性应变 $\Delta\varepsilon_{xx}^{p}$ 和剪应力塑性应变 $\Delta\varepsilon_{xy}^{p}$ 沿接触面的变化。从图可以看出，轴向应力塑性应变 $\Delta\varepsilon_{xx}^{p}$ 和剪应力塑性应变 $\Delta\varepsilon_{xy}^{p}$ 最大值都在黏滑区边界。

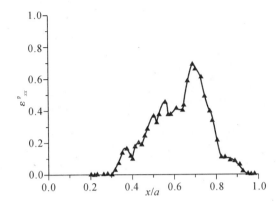

图 3-3-8　轴向应力塑性应变 $\Delta\varepsilon_{xx}^{p}$ 分布

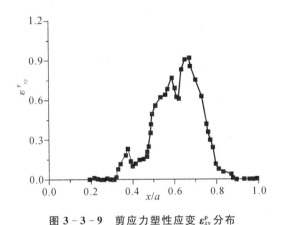

图 3-3-9　剪应力塑性应变 ε_{xy}^{p} 分布

3.3.3　微动垫半径对局部塑性的影响

在微动疲劳有限元分析中，摩擦因数 f 是输入变量，随着接触表面情况（如表面粗糙度、润滑、涂层、机械加工等）的不同会发生变化，Szolwinski 等对 2024 铝合金微动疲劳的研究表明，产生微动时的摩擦因数为 0.65，本书选 $f=0.5$ 作为输入变量来研究不同的微动垫半径对局部塑性的影响。其他参数为：微动垫半径 $r=115$ mm、180 mm，接触压力 $P=450$ N，轴向应力 $\sigma=180$ MPa、220 MPa、308 MPa、331 MPa。

图 3-3-10 给出了切向应力随微动垫半径的变化规律，从图可以看出，在所有情况下，切向应力最大值 $(\sigma_{xx})_{\max}$ 都位于微动接触界面的后缘，并且在所有轴向载荷作用下，随着微动垫半径的减小，切向应力最大值增加。此外，当轴向应力为 308 MPa 和 331 MPa 时，对于所有微动垫半径，其最大切向应力都超过屈服应力，而对于轴向应力为 180 MPa 和 220 MPa 时，只有微动垫半径为 115 mm，其最大切向应力才超过屈服应力。

对于循环载荷状态,ABAQUS 有限元软件用等效塑性应变确定塑性区尺寸。图 3-3-11 给出了 $P=450$ N、$\sigma=331$ MPa、$r=115$ mm 条件下等效塑性应变云图,从图中也可以看出,最大塑性变形在接触界面的后缘形成,即裂纹成核位置,并成约 45°方向扩展到试件内部。从这一结果可以得出裂纹成核后沿约 45°方向扩展到试件内部,这与试验观察非常一致。

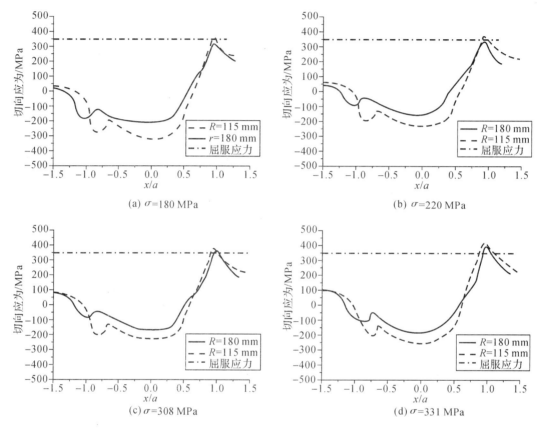

(a) $\sigma=180$ MPa

(b) $\sigma=220$ MPa

(c) $\sigma=308$ MPa

(d) $\sigma=331$ MPa

图 3-3-10　切向应力分布

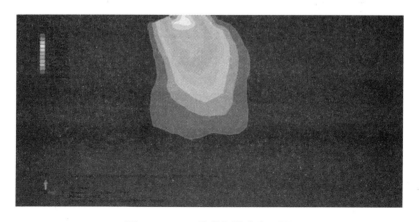

图 3-3-11　等效塑性应变云图

3.3.4　轴向应力对局部塑性的影响

为了研究轴向应力对接触面局部塑性的影响,假定 $P=900$ N,$r=180$ mm,$f=0.5$,计算轴向应力分别为 180 MPa、220 MPa、308 MPa、331 MPa 时接触面的局部塑性,讨论局部塑性随轴向应力的变化。

图 3 - 3 - 12 给出了最大主应变沿接触界面的变化,从图中可以看出,沿接触界面最大主应变的峰值随轴向应力的增大而增加,并且这些峰值都出现在接触界面的后缘或靠近接触界面后缘。

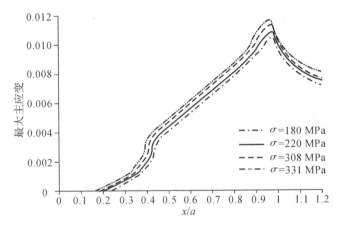

图 3 - 3 - 12　接触面最大主应变分布

图 3 - 3 - 13 给出了轴向应力为 180 MPa 时的等效塑性应变云图,从图中可以看出,裂纹可能成核于接触区下面的试件内部,主要是由于微动使试件产生微裂纹,在轴向应力作用下裂尖处产生应力集中,即在接触面下方几微米处的试件内部应力高于接触界面的微动应力。由此可以得出微裂纹成核于试件的表面或离表面非常近的试件内部,这也与试验观察非常一致。

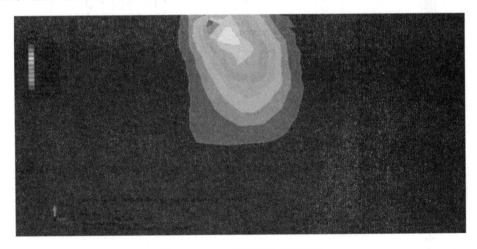

图 3 - 3 - 13　等效塑性应变云图

3.3.5 摩擦因数对局部塑性的影响

为了研究摩擦因数对接触面局部塑性的影响,假定 $P=450$ N,$r=180$ mm,$\sigma=331$ MPa,计算摩擦因数从 0.3 到 1.1 时接触面的局部塑性,讨论局部塑性随摩擦因数的变化。

图 3-3-14 给出了接触面剪应力分布随摩擦因数的变化规律,从图中可以看出,剪应力的最大值随着摩擦因数的增大急剧增加。同时,随着摩擦因数的增大,黏着区增加,滑移区减小,这说明摩擦因数的增大增强了微动垫与试件之间的黏着力,同时在其他微动参数疲劳不变时,摩擦变化对系数的整个接触区的大小没有影响,只是分别影响滑移区和黏着区的大小。

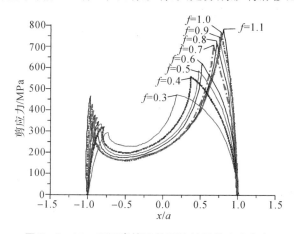

图 3-3-14　不同摩擦因数下接触面剪应力分布

3.4　塑性对微动损伤的影响分析

根据试验分析,Ruiz 最早将微动损伤与接触面应力分布联系起来,提出两个不同的微动损伤参数,即微动磨损参数 k_1 和微动疲劳参数 k_2。微动磨损参数 k_1 是在一个微动循环内的摩擦功,其表示方式为

$$k_1 = \tau\delta \qquad (3-4-1)$$

式中:τ 为接触区的摩擦剪应力;δ 为接触面间的相对滑动幅度。

由于 k_1 没有考虑轴力的影响,因此 Ruiz 又提出疲劳微动参数 k_2。微动疲劳参数 k_2 通过考虑接触界面切向应力(σ_{xx})作用来体现轴向应力的附加效应,可表示为

$$k_2 = \sigma_{xx}\tau\delta \qquad (3-4-2)$$

根据 Ruiz 微动疲劳参数 k_2,在黏着区,相对滑动幅度 δ 为零,k_2 为零;在接触区外,剪应力为零,k_2 也为零;在滑移区,轴向应力和剪应力值都较大,且在黏滑边界 k_2 各有一极值。微动裂纹在疲劳参数 k_2 值最大的地方萌生并扩展,说明 Ruiz 参数 k_2 可以较好地测微动损伤。

根据 ABAQUS 有限元分析,将剪应力、轴向应力及接触区对滑动相幅度的值代入 k_2 参数计算公式,图 3-4-1 所示为 68 号试件($P=450$ N,$r=180$ mm,$f=0.5$,$\sigma=331$ MPa)在整个微动疲劳接触区的 Ruiz 微动参数 k_2 值的分布。从图中可以看出,在接触前后缘 k_2 各有一

个峰值,分别为 245 $N^2 \cdot m^{-3}$ 和 2 349 $N^2 \cdot m^{-3}$,离接触中心的距离分别为 $x/a = -0.75$ 和 $x/a = 0.82$,表明这些地方会有裂纹萌生。

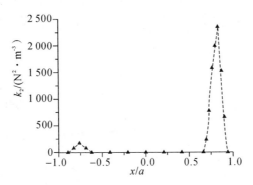

图 3-4-1　微动损伤参数 k_2 值的分布

　　因此,Ruiz 微动参数 k_2 可用来预测微动疲劳构件初始裂纹位置,但是其应用也有许多局限性,如未考虑表面粗糙度会间接地通过摩擦因数影响表面应力状态和位移,而且相关文献研究表明微动疲劳裂纹在塑性变形区形成核。

　　为了研究摩擦因数(f)对初始裂纹位置(局部塑性)的影响,用 Ruiz 微动疲劳参数 k_2、最大等效塑性应变及最大主应变三个不同的准则,分析试件在微动疲劳参数 $P = 450$ N、$r = 180$ mm、$\sigma = 331$ MPa 及不同摩擦因数下的初始裂纹位置。初始裂纹位置通过这三个准则在接触区的峰值位置来反映,图 3-4-2 给出了这些准则在整个接触区的峰值。从图中可以看出,随着摩擦因数的增大,滑移区减小,Ruiz 微动参数 k_2 的峰值靠近接触界面的后缘,并且随着摩擦因数的增大,初始裂纹的位置为常数,这也体现出了其局限性。在摩擦因数为 0.3 和 0.4 时,最大等效塑性应变值峰位置保持不变,且随后随着摩擦因数的增大而减小,到摩擦因数为 0.8 时接近黏着区的边界,在摩擦因数为 0.8~1.1 时与黏着区边界一致,即在摩擦因数为 0.3~0.5 时,Ruiz 微动参数 k_2 与最大等效塑性应变预测初始裂纹的位置比较一致。而最大主应变峰值位置在摩擦因数为 0.3~0.7 时几乎为常数,与 Ruiz 微动参数 k_2 的峰值位置比较接近,然后快速下降,在摩擦因数为 0.8~1.1 时与黏着区边界一致。

　　上述分析也表明,当摩擦因数较小时,Ruiz 微动参数 k_2 能准确地预测初始裂纹位置,而当摩擦因数较大时,Ruiz 微动参数 k_2 则不能准确地预测初始裂纹位置。

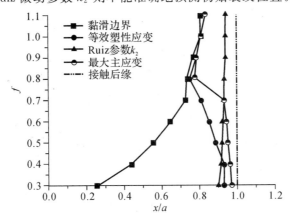

图 3-4-2　基于不同准则的裂纹成核位置

图3-4-3给出了接触界面最大等效塑性应变位置与最大黏着区位置的关系，从图中可以看出最大塑性应变随摩擦因数增大而变化，表明初始微裂纹的位置与最大塑性变形有关，这与相关文献的研究一致。因此应用有限元软件模拟微动疲劳局部塑性能准确地预测初始裂纹成核点。

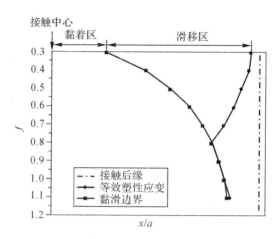

图3-4-3　最大等效塑性应变随摩擦因数变化示意图

$f=0.5$时，根据最大等效塑性应变确定的各试件裂纹成核位置见表3-4-1。

表3-4-1　裂纹成核位置

序号	P/N	σ/MPa	r/mm	$N_f/$循环	成核位置 x/a
1	450	180	180	303 548	0.852
2	450	220	180	200 430	0.865
3	450	308	180	146 396	0.871
4	450	331	180	107 646	0.891
5	900	180	225	283 922	0.911
6	900	220	225	216 499	0.925
7	900	308	225	130 385	0.946
8	900	331	225	96 852	0.971
9	450	180	115	290 793	0.745
10	450	220	115	193 771	0.768
11	450	308	115	124 452	0.793
12	450	331	115	96 755	0.812

3.5　小　　结

　　最大等效塑性变形随着微动垫半径的减小而增大,对于所有微动垫半径,最大塑性变形出现在接触面的后缘,而当微动垫半径减小时,最大塑性变形可能会出现在接触界面处试件内部。随着轴向应力的增加,最大切向应力增加。对于所有轴向应力水平,最大等效应力和最大塑性变形位置都在接触界面的后缘或靠近接触界面后缘。随着摩擦因数的增大(0.3～1.1),最大剪应力增加,并且黏着区增加,滑移区减小。随着摩擦因数的变化,最大塑性变形位置发生变化,通过与 Ruiz 微动参数的比较,发现考虑塑性更能准确地预测微动裂纹成核位置。

参 考 文 献

[1] AMBRICO J M, BEGLEY M R. Plasticity in fretting contact[J]. Mech. Phys. Solids, 2000,48 (11):2391 - 2417.

[2] AMBRICO J M, BEGLEY M R. The role of macroscopic plastic deformation in fretting fatigue life predictions[J]. International Journal of Fatigue,2001,23(8):121 - 128.

[3] GOH C H, MCDOWELL D L. Plasticity in polycrystalline fretting fatigue contacts[J]. Journal of the Mechanics and Physics of Solids, 2006, 54(10):340 - 367.

[4] WATERHOUSE R B.微动磨损与微动疲劳[M]. 周仲荣,译. 成都:西南交通大学出版社, 1999.

[5] REZA H T. Finite element analysis of localized plasticity in Al2024 - T3 subjected to fretting fatigue[J]. Tribology Transactions, 2012, 55(10):805 - 814.

[6] AMBRICO J M, BEGLEY M R. Plasticity in fretting contact [J]. Journal of the Mechanics and Physics of Solids, 2000, 48(5): 2391 - 2417.

[7] SHIN K S. Prediction of fretting fatigue behavior under elastic plastic conditions[J]. Journal of Mechanical Science and Technology, 2009, 23(10), 2714 - 2721.

[8] BEGLEY M R, HUTCHINSON J W. Plasticityin fretting of coated substrates[J]. Engineering Fracture Mechanics, 1999, 62(12): 145 - 164.

[9] SZOLWINSKI M P, FARRIS T N. Observation, analysis and prediction of fretting fatigue in 2024 - T351 aluminum alloy[J]. Wear 1998, 22(1):24 - 36.

[10] KINDERVATER C, JOHNSON M, KOHLGRIIBER D, et al. Crash and high velocity impact simulation methodologies for aircraft structures[J]. Structural Failure and Plasticity, 2000, 45(8): 345 - 352.

第4章 飞机搭接结构的枕垫效应分析

通过对搭接结构腐蚀损伤状况的分析发现,搭接结构腐蚀后,腐蚀产物会在其有限的空间内膨胀,产生枕垫效应,使蒙皮鼓起,引起搭接结构局部应力的变化,潜在危险很大,甚至会导致灾难性事故。为此许多学者从不同的角度研究了枕垫效应对搭接结构完整性的影响,但目前枕垫效应模型还不能直接应用于实际飞机搭接结构中。本章主要在有限元分析的基础上,建立考虑螺栓预紧力、结构结构间非线性接触及摩擦力、材料弹塑等因素的搭接结构三维有限元模型,基于枕垫效应数学模型,对有限元模型的精度进行验证和改进;根据腐蚀产物不可压缩性,确定搭接结构腐蚀厚度与有限元模型中应施加枕垫应力的定量关系。

4.1 搭接结构缝隙腐蚀机理

飞机搭接结构多用铆接、焊接、螺接等方法连接,这样在金属与金属或金属与非金属之间存在缝隙,并使缝隙内的腐蚀介质处于滞留状态,从而加剧了缝隙内金属的腐蚀,这种现象称为缝隙腐蚀。

在飞机结构中,垫片的底面、螺帽或铆钉头的缝隙处及铆接结构的搭接处容易发生缝隙腐蚀。缝隙宽度一般在 $0.025 \sim 0.1$ mm 之间,大于 0.1 mm 的缝隙反而不易形成缝隙腐蚀。

由于蒙皮与桁条、翼肋和大梁主要是搭接的,存在一定的缝隙,在雨水的作用下腐蚀介质就会进入并留在缝隙内,形成电解质液膜。在腐蚀电解质的作用下,缝外阴极区主要发生氧的还原反应,即吸氧反应;缝内阳极区金属 Al 发生溶解反应:

$$\text{缝外阴极} \quad 2H_2 + O_2 + 4e^- \longrightarrow 4OH^-$$

$$\text{缝内阳极} \quad Al \longrightarrow Al^{3+} + 3e^-$$

由于缝隙外的氧充分,能得到补充,氧的还原反应一直进行。而缝隙内的氧由于滞留的原因,只能以扩散的方式由缝隙外向缝隙内转递,缝内氧供应不足,氧化还原反应停止,因而缝内和缝外形成闭塞的浓差电池。由于电池具有大阴极、小阳极的特征,腐蚀速度比较快。

缝内金属 Al^{3+} 难以迁移到缝外,阳离子积累,正电荷过剩,促进缝隙外的 Cl^- 等阴性离子不断向缝隙内迁移、富集,使得溶液的腐蚀性增强。金属 Al^{3+} 的浓度随腐蚀反应的进行而不断增加,并且进一步发生水解反应:

$$Al^{3+} + 3H_2O \longrightarrow Al(OH)_3 \downarrow + 3H^+$$

通过对腐蚀产物的光谱分析,发现其主要成分是 $Al_2O_3 \cdot 3H_2O$,含有少量的 $Al_2O_3 \cdot H_2O$。表 4-1-1 给出了铝合金不同氧化物的相对分子质量和密度,可以看出腐蚀产物分子体积约为纯铝的 6.5 倍。空气中的 Cl^-、SO_4^{2-}、CO_3^{2-}、灰分、碱性物质等会使腐蚀产物呈灰白色。

表 4 - 1 - 1　铝合金不同氧化物的相对分子质量和密度

名称	分子式	相对分子质量	密度/ $(g \cdot cm^{-3})$	相对分子质量比	分子体积比
纯铝	Al	26.98	2.702	1	1
氧化铝-水化合物	$Al_2O_3 \cdot H_2O$	119.96	3.014	4.446	3.986
氧化铝三水化合物	$Al_2O_3 \cdot 3H_2O$	155.96	2.42	5.78	6.454

由于与蒙皮铆接的梁、翼肋和桁条等与蒙皮相比硬度较高、厚度较大,在腐蚀产物的膨胀作用下基本不变形,因此在搭接结构——蒙皮中产生从内侧向外侧的附加压应力,使蒙皮鼓起,产生枕垫效应(见图 4 - 1 - 1)。

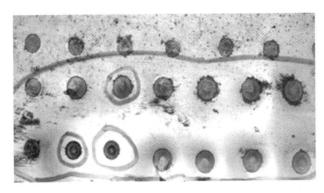

图 4 - 1 - 1　襟翼下壁板鼓包

4.2　枕垫效应模型

为建立搭接结构枕垫效应的数学模型做以下假设:
(1)搭接结构无黏结;
(2)搭接结构搭接部分关于中层对称,则可只对一层蒙皮进行分析;
(3)搭接层间的腐蚀产物均匀分布,从而作用于蒙皮的压力为均布压力;
(4)铆钉或螺栓间的蒙皮变形垂直于搭接结构表面;
(5)小挠度弯曲理论适用于变形后的蒙皮;
(6)铆钉或螺栓尺寸非常小,对蒙皮只提供点约束。

4.2.1　有限元模型尺寸的确定

数学模型是对无限大板的部分板进行分析,并用点约束来模拟铆钉或螺栓得到的。然而,在实际飞机搭接结构中,其有自由边和加筋条等,对此很难有解析解,因此需要对搭接结构进行有限元分析。为了验证有限元单元尺寸对结果的影响,建立与推导数学模型相同的有限元模型,当结果与解析解误差小于 3% 时,即认为有限元模型收敛。基于相关文献的三维分析方法,有限元分析采用 MSC.Marc 非线性软件,单元采用三维六面体单元,约束和边界条件与数学模型相同,如图 4 - 2 - 1 所示。一大小为 1 MPa 的匀布压力垂直施于板表面,逐步细化网格,对于 $a=b=20$ mm 的平板,当网格数为 8×8 时,w_0 有限元值与解析值的误差为 -2.8%,两种情形下的变形图如图 $4-2-2$ 所示,可以看出二者吻合较好。为此后面进行有限元分析时按此尺寸对搭接结构层叠部分进行网格划分。

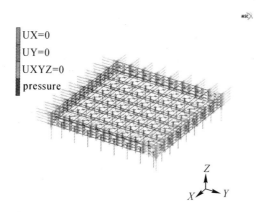

图 4-2-1 平板三维有限元网格及边界条件

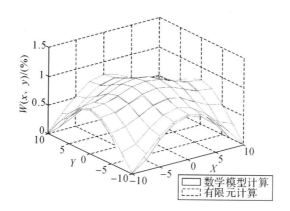

图 4-2-2 平板数学模型与有限元模型的变形对比图

4.2.2 有限元模型枕垫应力的确定

每个铝的氧化物分子需要 2 个铝原子,对长宽分别为 a 和 b 的铝平板来说,当其腐蚀厚度为 t_{lo} 时,所产生的腐蚀产物体积为

$$V_{corrosion} = abt_{lo}\left(\frac{V_{mr}}{2} - 1\right) \qquad (4-2-1)$$

式中:V_{mr} 是铝的氧化物与纯铝的相对分子质量之比。

在给定压力 $P_{fem}=1$ MPa 时,有限元模型因变形所产生的体积可用双重积分计算:

$$V_{fem} = \int_e^f \left[\int_c^d f(x,y)\mathrm{d}x\right]\mathrm{d}y \qquad (4-2-2)$$

这里 (c,d) (e,f) 分别为沿 x 轴和 y 轴的积分区间。积分时先固定 y,对 x 进行积分,反过来类似。用复化辛甫生公式进行数值积分:

$$f(x)\mathrm{d}x = \frac{h}{6}\left[f(a) + 4\sum_{k=0}^{n-1} f(x_{k+\frac{1}{2}}) + 2\sum_{k=0}^{n-1} f(x_k) + f(b)\right] \qquad (4-2-3)$$

式中:n 为区间划分等分;步长 $h=\dfrac{b-a}{n}$ 分点为 $xk=a+kh$,$k=0,1,\cdots,n$;子区间 $[x_k,x_{k+1}]$ 的中点为 $x_{k+\frac{1}{2}}$。

由于腐蚀产物的弹性模量比铝的大得多,可认为其是不可压缩的。基于此,腐蚀产物体积一定时,有限元模型应施加的枕垫应力为

$$P_{\text{req-fem}} = \frac{V_{\text{corrosion}}}{V_{\text{fem}}} \cdot P_{\text{fem}} \qquad (4-2-4)$$

根据公式(4-2-4),可得出形成等于腐蚀产物体积所需的枕垫应力,然后施加此力到有限元模型中重新进行计算。在实际飞机结构中,靠近自由边的腐蚀产物会渗漏出来,此区域的枕垫效应会减轻,在施加枕垫应力时,从钉孔边到自由边施加一从 $P_{\text{req-fem}}$ 线性下降到 0,如图 4-2-3所示。

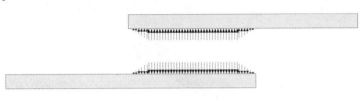

图 4-2-3　枕垫应力施加示意图

4.3　宽板搭接件枕垫应力分析

4.3.1　结构模型与研究对象

由于数学模型的局限性,很难将其应用于真实搭接结构,基于上面有限元模型的收敛性分析,用 MSC. Marc 对含 6 直孔三排单搭接件进行应力分析,蒙皮材料为厚 2 mm 的 LY12CZ 包铝合金板,考虑腐蚀时,只有搭接件结构腐蚀区上、下板腐蚀变薄,且上、下板的腐蚀量相同,为表述方便,本书所给腐蚀量只指一层板的腐蚀程度,铆钉孔直径 $D=2R=4$ mm,孔中心距 $s=20$ mm,行间距为 20 mm,仅受远场均匀载荷作用,$\sigma=50$ MPa,具体尺寸见图 4-3-1。

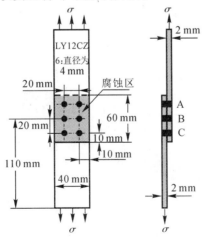

图 4-3-1　搭接件形状及其尺寸

4.3.2 有限元模型与网格的划分

上、下搭接板和螺栓都用六面体 20 节点进行划分网格,螺栓中心用楔形单元,对孔边网格进行细化,用接触表面建立板与板及板与螺栓之间的接触关系,以防止它们之间的互相穿透,为简化计算,取铝板间摩擦因数为 0.4,钢螺栓铝合金的摩擦因数为 0.2,螺栓预紧力为 0.5 N,其有限元模型和局部网格如图 4-3-2 所示。模型尺寸和边界条件同图 4-3-2。枕垫应力按图 4-3-1 所述方法施加,具体施加载荷见图 4-3-3。

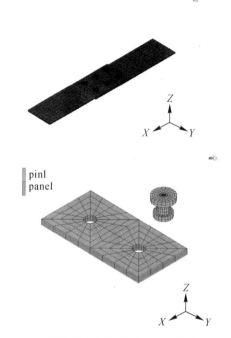

图 4-3-2 搭接件有限元模型及局部结构网格放大图

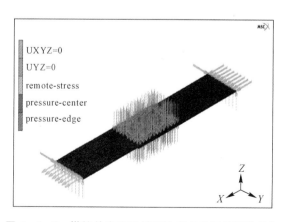

图 4-3-3 搭接件有限元模型边界条件及载荷的施加

4.3.3　计算结果与分析

为分析腐蚀对搭接件应力的影响,分三种情况进行有限元分析:①无腐蚀;②减小腐蚀区平板厚度模拟腐蚀;③平板厚度减小的同时,施加相应的枕垫应力。3 种情形都保持远端应力大小不变。图 4-3-4 给出了情形 1 和 3(放大 200 倍)的变形图,可以看出枕垫应力的影响是很大的。

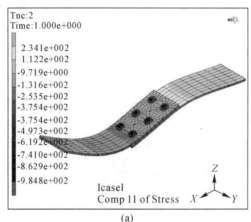

(a)

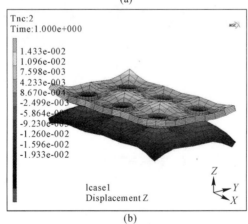

(b)

图 4-3-4　搭接件三维变形图

1. 枕垫应力对最大应力位置的影响

建立一系列模型来代表搭接件的不同腐蚀程度,载荷为情形 3。在 1 MPa 时,有限元模型按真实结构约束时四螺栓间上板变形形成的体积为 4.02 mm³,根据公式(4-2-4),可得腐蚀厚度 t_{lo} 一定时,有限元模型所应加的枕垫应力为

$$P_{req\text{-}fem} = 99.5 t_{lo} \qquad (4-3-1)$$

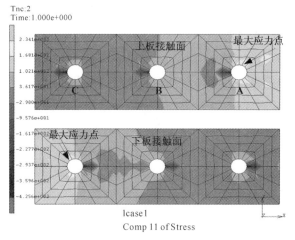

（a）无腐蚀

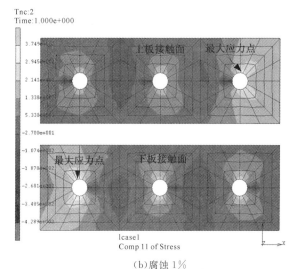

（b）腐蚀 1％

（c）腐蚀 6％

图 4 - 3 - 5　不同腐蚀水平时的搭接件应力云图

图 4-3-5 给出了每层平板腐蚀分别为 0、1% 和 6% 时上、下平板内表面的应力云图。计算结果表明：每层板的最大应力点都位于平板的内表面，上板位于 A 排钉孔处，下板位于 C 排钉孔处，且上板的最大应力稍大于下板最大应力；随平板腐蚀量的增加，最大应力点也逐渐变化，无腐蚀[见图 4-3-5(a)]时，最大应力位于与远端应力约成 60° 的线上，且靠近钉孔边缘，当腐蚀为 6%[见图 4-3-5(c)]时，最大应力转移到与远端应力约成 90° 的线上，且远离钉孔边缘。这表明随着飞机服役时间的变长，搭接件的危险部位会发生变化，如不能及时的更改探伤裂纹产生位置，将会增大搭接件失效的危险性。

2. 枕垫应力对搭接件应力的影响

分析腐蚀对搭接件完整性的影响时，用逐步减小蒙皮厚度的方法来模拟腐蚀的影响，通过计算可以看出 $\sigma_{1\,max}/\sigma_{1\,remote}$ 与腐蚀厚度成线性正比关系，且上板值大于下板值（见图 4-3-6）。考虑枕垫应力时，$\sigma_{1\,max}/\sigma_{1\,remote}$ 与腐蚀厚度的关系曲线如图 4-3-7 所示，发现上下板的最大应力差别不大，图 4-3-7 给出了对上、下板应力值的拟合曲线：

$$\sigma_{1\,max}/\sigma_{1\,remote} = 72\,555t_{lo}^3 - 6\,719t_{lo}^2 + 264t_{lo} + 4.58$$

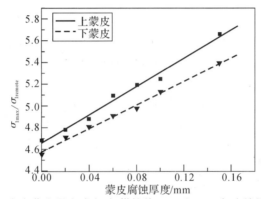

图 4-3-6 只考虑蒙皮厚度减小时，搭接件 $\sigma_{1\,max}/\sigma_{1\,remote}$ 与腐蚀厚度的关系曲线

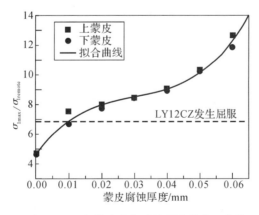

图 4-3-7 枕垫应力与腐蚀厚度的关系曲线

可见，腐蚀初期和腐蚀量大于 4% 时，搭接结构应力对枕垫应力比较敏感。枕垫应力对搭接件应力的影响十分明显，如平板腐蚀 1% 时，平板就快接近塑性状态，而且此应力一旦出现，呈只增不减的恒应力状态，所以分析腐蚀对搭接结构的影响时，只考虑蒙皮厚度的变化，而不

考虑枕垫应力得出的结果将是保守和危险的。

4.4 小 结

　　搭接结构的最大应力点位置随枕垫应力的增加而变化,这表明随着飞机服役时间的变长,搭接结构的危险部位会发生变化。腐蚀初期和腐蚀量大于 4% 时,搭接结构应力对枕垫应力比较敏感;此应力一旦出现,呈只增不减的恒应力状态,所以分析腐蚀对搭接结构的影响时,只考虑蒙皮厚度的变化,而不考虑枕垫应力得出的结果是保守和危险的。搭接结构上板内外表面的应力差导致裂纹沿内表面的扩展速度快于外表面,枕垫应力越大,内外表面裂纹扩展速度差别越大。

参 考 文 献

[1] AMERENDRA A. A finite element and experimental investigation on the fatigue of riveted lap joints in aircraft applications[D]. Georgia:Georgia Institute of Technology, 2006.

[2] 张丹峰,谭晓明,戚佳睿. 飞机结构件腐蚀监测研究[J]. 环境技术,2017,12(8):32-34.

[3] ALAL H. Residual strength of thin-sheet aluuminum panels with multiple site damage[D]. Wichita:Wichita State University,2001.

[4] BELLINGER N C,KOMOROWSKI J P,BENAK T J. Residual life predictions of corroded fuselage lap joints[J]. In Corrosion Fatigue,2001,23(10):349-356.

[5] 赵麦群,雷阿丽. 金属的腐蚀与防护[M]. 北京:国防工业出版社,2002.

第5章 飞机搭接结构腐蚀损伤评估

受到湿热海洋性腐蚀环境影响的飞机,其搭接结构表面的防护涂层脱落失效后,会遭受比常规环境更为严重的腐蚀损伤。铝合金搭接结构的腐蚀形式主要有点蚀、均匀腐蚀、晶间腐蚀、剥蚀、应力腐蚀、缝隙腐蚀和电偶腐蚀等。其中,点蚀亦(即腐蚀坑)的存在会加速形成疲劳裂纹并扩展,且作为疲劳裂纹源,其大小决定着疲劳寿命,所以一般利用腐蚀坑开展结构腐蚀损伤研究。

5.1 涂层失效分析

5.1.1 电偶腐蚀对涂层失效的影响

有机涂层是目前飞机结构的主要防护体系,涂层隔绝了基体与腐蚀介质的直接接触,避免了基体腐蚀的发生。一旦涂层损伤失效,基体暴露于腐蚀介质中,容易发生腐蚀失效。结合腐蚀试验,基于电偶腐蚀数学模型,选取相应的边界条件,用有限元法分析了搭接件表面涂层失效原因及影响。结果表明,涂层失效过程分三个阶段(前两阶段见图5-1-1和图5-1-2),电偶腐蚀效应使搭接件周围形成电场,在电势梯度作用下,氯离子发生定向加速移动,导致电渗起泡。随着涂层失效面积的增加,阴、阳极面积比例不断变小,阳极腐蚀得到减轻;最大腐蚀电流密度的位置发生变化,数值变小,降低了发生点蚀的风险。通过对搭接结构周围溶液腐蚀电场的计算,可以预测涂层失效区域,为飞机涂层体系的维护保养提供技术支持。

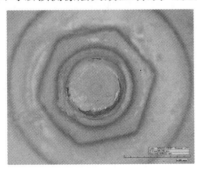 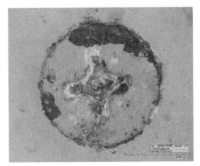

(a) 螺栓顶部　　　　　　　　　　　　　(b) 沉头十字凹槽

图5-1-1 初期螺栓涂层破损情况

腐蚀试验结束后,拆解搭接件,发现其内表面及螺栓孔均无腐蚀产物存在,表明其密封较好,未发生缝隙腐蚀,因而认定电偶腐蚀为导致涂层失效的主要影响因素。

图 5-1-2 中期螺栓区域涂层失效情况

假设搭接结构接地,则计算获得涂层失效不同阶段搭接结构周围溶液中的电势分布,如图 5-1-3 所示。

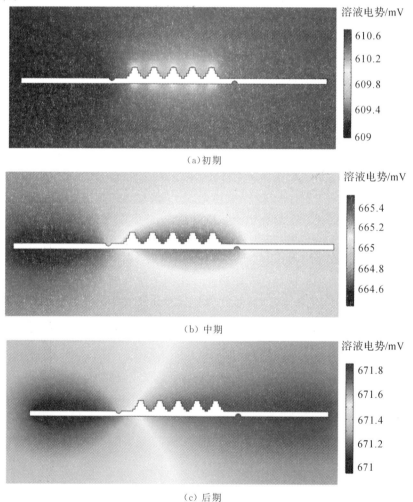

(a)初期

(b)中期

(c)后期

图 5-1-3 不同阶段搭接结构周围溶液中的电势分布

从图 5-1-3 中可以看出,随着搭接结构表面涂层失效面积的不断增加,对搭接结构腐蚀的影响主要包括两个方面：一是阴、阳极面积比例不断减小，由最初涂层破损时的 65∶1 到涂层完全失效时的 0.58∶1；二是最大电流密度的位置与大小不断变化。

5.1.2　涂层破损对丝状腐蚀的影响

丝状腐蚀是一种特殊的缝隙腐蚀，其缝隙深度较浅，且涂层随着反应的进行而逐渐失效脱落，使铝合金基体失去保护直接裸露在外，加重了腐蚀，如图 5-1-4 所示。

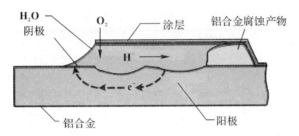

图 5-1-4　铝合金/涂层体系的丝状腐蚀示意图

以丝状腐蚀头部缝隙作为研究对象建立模型，同时考虑缝隙内铝合金界面的阳极反应和阴极反应，设计几何模型。通过计算分析，可得到缝隙内的 pH 分布、O_2 分布、阴/阳极反应电流、电势及电流密度分布、固态产物 $Al(OH)_2Cl$ 的分布等参数的分布规律，如图 5-1-5～图 5-1-10 所示。

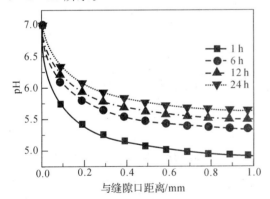

图 5-1-5　缝隙中央截线上的 pH 分布

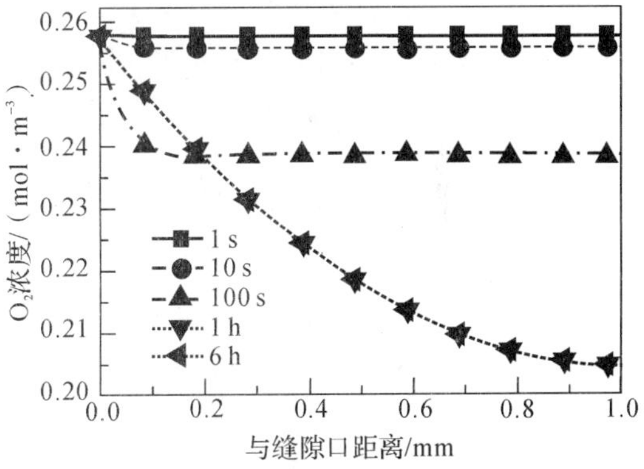

图 5-1-6　缝隙中央截线上的 O_2 浓度分布

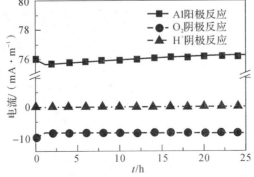

图 5-1-7　缝隙内铝合金界面阴阳极电流随时间的变化

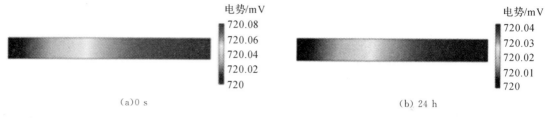

(a)0 s   (b) 24 h

图 5 - 1 - 8   缝隙内溶液的电势分布

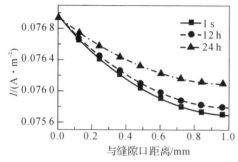
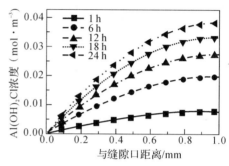

图 5 - 1 - 9   缝隙内铝合金腐蚀电流密度分布   图 5 - 1 - 10   缝隙中央截线上的 $Al(OH)_2Cl$ 浓度分布

从图中可以看出,缝隙内铝合金的电位对丝状腐蚀的扩展影响很大,电位升高,加速固态产物 $Al(OH)_2Cl$ 的生成和在缝隙底部的堆积,促使涂层与基体分离,丝状腐蚀加速向前扩展。

通过对涂层破损区域进行腐蚀建模分析,可以预测涂层破损后造成腐蚀轻重的程度,为飞机涂层体系的涂装和后续的维护保养提供技术支持。

5.2 预腐蚀试验件搭接处腐蚀特征分析

对于预腐蚀搭接件,从微观观察分析可知,在螺栓孔沉孔处有微动磨损,表面有划痕和磨屑,在螺栓孔边接触面内表面和螺栓垫片与接触面处有少量微动磨屑,对于预腐蚀 30 d 的搭接件,疲劳裂纹主要从螺栓孔处靠近螺栓孔沉孔区的螺栓体区萌生、扩展并导致最终断裂,裂纹主要还是由微动引起的,这也是预腐蚀 30 d 疲劳寿命减小不太明显的原因。对于预腐蚀 60 d 的搭接件,疲劳裂纹主要从内表面孔边缘处萌生、扩展并导致最终断裂(见图 5 - 2 - 1)。

图 5 - 2 - 1   8 号搭接件断口照片

图 5-2-2 给出了 7 号搭接件(预腐蚀 60 d)1$^\#$螺栓孔处断面 SEM 图(上部为螺栓体区,下部为沉孔区),从 SEM 图中可以看出,在沉孔处有微动磨屑和裂纹,但是导致搭接件失效的裂纹萌生于搭接件内表面处,并表现为多裂纹成核。因此,对于腐蚀较严重的搭接件,由于腐蚀坑的主导作用,裂纹由蚀坑处萌生并扩展,此时微动作用引起的裂纹产生较晚,并不占主导作用,这也是预腐蚀 60 d 疲劳寿命明显下降的原因。图 5-2-3 所示为 9 号搭接件断口的 SEM 图。

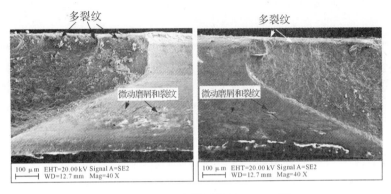

图 5-2-2　7 号搭接件断口 SEM 图

图 5-2-3　9 号搭接件断口 SEM 图

上述现象可用微动疲劳机理来解释,当搭接件腐蚀较轻时,腐蚀坑较小,在微动磨损作用下会相互贯通脱落,这样材料表面就不会产生微裂纹,因此就延缓了微裂纹的萌生与扩展,这也是腐蚀较轻时寿命缩短较少的原因。但是随着材料的脱落,被脱落的材料会氧化生成很多氧化颗粒,在交变应力及接触应力作用下,氧化颗粒会对金属表面产生新的磨蚀坑,使金属表面产生应力集中和塑性变形,进而使蚀坑底部产生疲劳裂纹。

对于腐蚀较严重的搭接件,蚀坑尺寸较大,虽然微动磨损能使表层材料脱落,但并不能消除蚀坑,在接触拉应力和主拉应力作用下,裂纹在蚀坑处迅速成核并扩展,并且磨屑及腐蚀产物进入裂纹内部,对裂纹扩展起到一定的促进作用,这也是搭接件腐蚀较重时,微动疲劳寿命下降幅度较大的原因。该结论与早期研究一致,早期 Vingsbo 等研究发现,裂纹磨损和裂纹填充速率影响裂纹扩展,当裂纹磨损速率较大时,产生的裂纹由于磨损的作用而消失,不会发生扩展,因此疲劳寿命增加。但若裂纹填充速率较大,则由于磨损速率太小,不能及时磨掉表面产生的小裂纹,而同时产生的磨屑又进入裂纹中,使裂纹发生扩展。因此,对于腐蚀较重的搭接件,本身就有大量腐蚀产物,磨损速率相对很小。因此,磨屑及腐蚀产物促进裂纹扩展。

5.3 腐蚀-疲劳试验件搭接处腐蚀特征分析

5.3.1 预腐蚀疲劳试验件腐蚀特征分析

某试件断裂后的腐蚀形貌如图5-3-1所示,铆钉区域的铝合金基体出现明显的点蚀,铆钉孔也发生了轻微腐蚀,说明少量腐蚀溶液渗入铆钉孔,腐蚀形貌如图5-3-2所示。搭接处缝隙内有明显的腐蚀痕迹存在,较暴露在外的基体腐蚀更重,缝隙环境加重了缝隙内部的腐蚀,如图5-3-3所示。图5-3-4所示为铆钉周围基体的三维腐蚀坑图,最大腐蚀深度为0.176 mm,平均腐蚀深度为0.09 mm。

图5-3-1 预腐蚀试验件搭接处腐蚀形貌

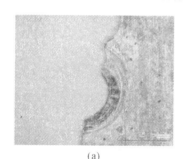
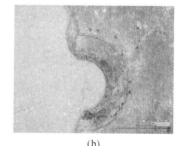

(a) (b)

图5-3-2 预腐蚀试验件铆钉孔周围区域腐蚀微观图片(20倍)

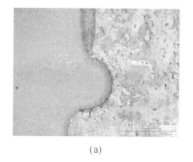
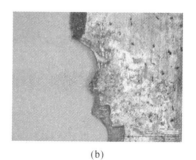

(a) (b)

图5-3-3 预腐蚀试验件缝隙处铆钉孔周围区域腐蚀微观图片(20倍)

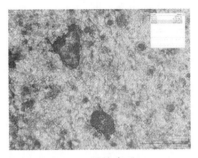

(a)蚀坑表面　　　　　　　　　　　　(b)蚀坑深度测量

图 5-3-4　预腐蚀试验件三维腐蚀坑

　　将图 5-3-1 中 2 处进行切割,扫描电子显微镜观察疲劳源特征,如图 5-3-5 所示。可以看出裂纹源在图中心部,中心为韧性断裂。此外,还发现在外表面发现有脆性特征,也存在解裂、二次裂纹等特征。

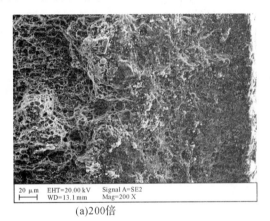

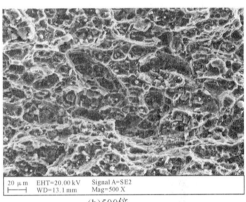

(a)200倍　　　　　　　　　　　　(b)500倍

图 5-3-5　预腐蚀试验件疲劳断口形貌

　　对裂纹源处进行能谱分析,结果如图 5-3-6 和表 5-3-1 所示。可以看出裂纹源处 O 比例较高,也有少量的 Cl,说明裂纹源处已经发生了腐蚀,腐蚀和应力的耦合减少了疲劳寿命。

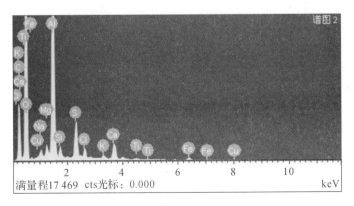

图 5-3-6　预腐蚀试验件裂纹源处 EDS 图

表 5 - 3 - 1   预腐蚀试验件裂纹源处成分分析

元素	C K	O K	Na K	Mg K	Al K	Si K	S K	Cl K	K K	Ca K	Ti K	Fe K	Cu K
质量百分比/(%)	3.57	60.77	0.72	0.76	25.34	0.97	3.33	1.02	0.39	1.86	0.16	0.78	0.32
原子百分比/(%)	5.57	71.08	0.59	0.59	17.57	0.65	1.94	0.54	0.19	0.87	0.06	0.26	0.09

5.3.2   腐蚀疲劳交替试验件腐蚀特征分析

试验件断裂后搭接区域的外观形貌如图 5 - 3 - 7 所示,可以看出腐蚀较预腐蚀疲劳试验更为严重,铆钉周围出现了大量的腐蚀产物,腐蚀已连成片。铆钉区域的铝合金基体有明显点蚀现象,铆钉孔腐蚀严重,说明大量腐蚀溶液渗入了铆钉孔,腐蚀形貌如图 5 - 3 - 8 所示。搭接处缝隙内有腐蚀更为严重,出现了剥蚀迹象,如图 5 - 3 - 8 所示。去除腐蚀产物后,采用三维体式显微镜对图 5 - 3 - 8 中 1 处进行观察,三维蚀坑如图 5 - 3 - 9 所示。从图中可以看出,相邻腐蚀坑已经连接,最大蚀坑深度为 0.328 mm,平均深度为 0.16 mm,腐蚀加重。

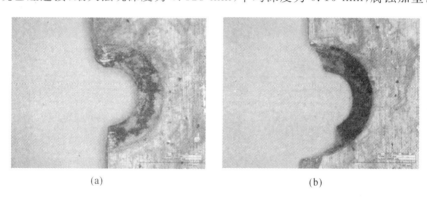

(a)   (b)

图 5 - 3 - 7   腐蚀-疲劳交替试验件铆钉孔周围区域腐蚀微观图片(20 倍)

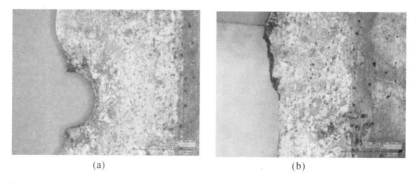

(a)   (b)

图 5 - 3 - 8   腐蚀-疲劳交替试验件缝隙处铆钉孔周围区域腐蚀微观图片(20 倍)

切割图 5-3-8 中 2 处疲劳裂纹源处,进行 SEM 观察,结果见图 5-3-10。从图中可知,裂纹在界面腐蚀坑处发展,萌生的裂纹呈解理、沿晶等特征,可能是由于发生腐蚀,材料性质发生改变。裂纹由此发生,并萌生扩展,最终导致断裂,基体表现为低韧性。

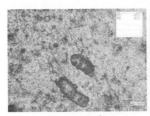 

(a)蚀坑表面　　　　　　　(b)蚀坑深度测量

图 5-3-9　腐蚀-疲劳交替试验件三维腐蚀坑

 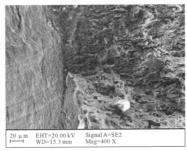

图 5-3-10　腐蚀-疲劳交替试验件疲劳断口形貌

对裂纹源处进行能谱分析,结果见图 5-3-11 和表 5-3-2。可以看出裂纹源处 O 比例较高,Cl 含量有所增加,说明裂纹源处已经发生了较重腐蚀,说明腐蚀-疲劳交替加速了 Cl 向裂纹源处的渗透,加重了该处的腐蚀,腐蚀-疲劳交替作用及腐蚀和应力的耦合极大地缩短了疲劳寿命。

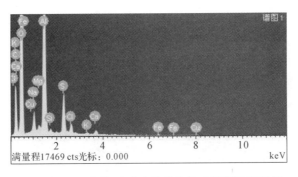

图 5-3-11　腐蚀-疲劳交替试验件疲劳断口 EDS 图

表 5-3-2　腐蚀-疲劳交替试验件疲劳断口成分分析

元素	C K	O K	Na K	Mg K	Al K	Si K	S K	Cl K	K K	Ca K	Fe K	Cu K
质量百分比/(%)	2.47	67.54	1.67	0.25	23.45	0.25	2.74	2.79	0.17	0.35	0.15	0.18
原子百分比/(%)	3.72	76.1	1.32	0.19	15.76	0.16	1.55	0.60	0.08	0.16	0.05	0.05

5.4 基于图像特征值的腐蚀损伤分析

通过图像特征值进行腐蚀损伤研究,首先要获取试验件在不同腐蚀周期时的腐蚀形貌照片。在点蚀试验过程中通过光学显微镜对腐蚀后的试件表面进行拍照,同时测量不同腐蚀周期时试验件的腐蚀损伤量(蚀坑深度)和表面图像特征值,即可对二者之间的关系进行分析。

5.4.1 点蚀试验

1. 试验过程

试验件材料为航空 LY12CZ 铝合金,试验件几何尺寸见图 5-4-1,试验件厚度为 2.5 mm。为了防止在腐蚀试验中,非试验区域被腐蚀而影响测量结果,腐蚀试验前要对非试验区(试验件背面以及试验件夹持端)进行涂硅胶保护,待防腐蚀胶完全固化后再进行腐蚀试验。

试验方案如下:采用酸性 NaCl 溶液浸泡,具体配比为 5% 的 NaCl 溶液中加入 5% 的稀硫酸使其 pH=4±0.2,溶液温度为室温。在试验过程中,每隔 5 d 利用 KH-7700 光学显微镜对试件进行一次拍照,整个试验周期为 40 d,此时试验件尚处于点蚀阶段。腐蚀试验过程中,则每间隔 48 h 更换溶液一次,以保持 pH 的变化在可接受范围内。此外,为了避免环境不均匀对试验件的影响,各个试验件之间以不相互接触为宜,且每 24 h 随机交换试验件位置一次。KH-7700 式光学显微镜如图 5-4-2 所示。

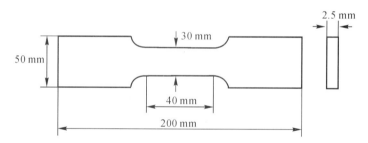

图 5-4-1 试验件尺寸图

图 5-4-2 KH-7700 光学显微镜

通过上述腐蚀试验,最终共获得了 14 组不同腐蚀时间 LY12CZ 试验件的腐蚀表面照片和腐蚀形貌三维照片。其中,腐蚀表面照片和三维形貌照片均通过 KH - 7700 光学显微镜拍摄得到,如图 5 - 4 - 3 所示。要特别指出的是,此时的腐蚀图像是 RGB 图像,即真彩图像。

(a) 腐蚀 5 d

(b)腐蚀 10 d

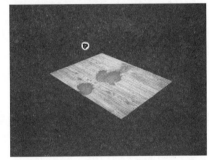

(c)腐蚀 20 d

(d)腐蚀 30 d

图 5 - 4 - 3　腐蚀损伤显微镜照片

(e)腐蚀 40 d

续图 5 - 4 - 3　腐蚀损伤显微镜照片

2. 蚀坑深度测量

利用 KH - 7700 光学显微镜及其自带软件对点蚀坑半径及深度进行了测量[测量深度的原理为《金属和合金的腐蚀　点蚀评定方法》(GB/T 18590—2001)所述的点蚀坑深度变焦显微测量法]。测量过程如图 5 - 4 - 4 和图 5 - 4 - 5 所示。

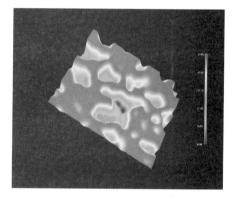

图 5 - 4 - 4　蚀坑半径测量示意图　　　　图 5 - 4 - 5　蚀坑深度测量示意图

为了减少测量随机性所带来的影响,在测量过程中对每个试验件均挑选其腐蚀程度最为严重(点蚀坑深度最大)的 5 个腐蚀坑进行测量。具体做法是,将狗骨状试验件的中间部分(腐蚀区域)进行分区,每个区域的大小与显微镜拍照 1 次时所能覆盖的范围相等。在寻找腐蚀程度最为严重的蚀坑时对这些区域逐一拍照,对各区域内的疑似蚀坑(腐蚀程度较严重的蚀坑)逐一测量,即可避免对重要蚀坑的遗漏,使得最终找出的 5 个蚀坑能够较为准确地反应映试验件的腐蚀严重程度。图 5 - 4 - 6 为寻找蚀坑的示意图。在寻找蚀坑的过程中发现,有的蚀坑在腐蚀时间较短时尺寸就较大,随着腐蚀时间的延长其扩展速度也较快,始终是腐蚀程度最为严重的 5 个腐蚀坑之一,因而多次被测量[见图 5 - 4 - 3(d)(e)]。

图 5 - 4 - 6　寻找蚀坑示意图

　　分别求出找到的 5 个腐蚀程度最为严重的蚀坑的半径,并将计算得到的均值作为该试验件的蚀坑半径。最终测量结果见表 5 - 4 - 1。需要说明的是,研究表明,随着腐蚀时间的延长,最大蚀坑深度并不服从同一分布函数。为简便起见,本节假设不同腐蚀时间所对应的蚀坑深度均服从威布尔分布,在计算试验件蚀坑深度时对测得的 5 个蚀坑深度进行威布尔分布拟合,将拟合得到的威布尔特征值作为试验件蚀坑深度(无明显蚀坑时,整个试件蚀坑深度取 0),列于表 5 - 4 - 1 中。

表 5 - 4 - 1　腐蚀坑深度测量结果

腐蚀天数/d	试件编号	蚀坑深度/mm					
		腐蚀程度最为严重的 5 个蚀坑测量值					威布尔特征值
5	1	0.000 0	0.000 0	0.000 0	0.000 0	0.000 0	0.000 0
	2	0.006 0	0.007 9	0.002 7	0.004 5	0.007 7	0.006 4
	3	0.022 2	0.013 1	0.013 1	0.025 3	0.027 3	0.022 4
10	1	0.000 0	0.000 0	0.000 0	0.000 0	0.000 0	0.000 0
	2	0.020 6	0.007 4	0.003 0	0.006 8	0.010 6	0.010 9
	3	0.022 5	0.026 8	0.026 7	0.027 9	0.027 2	0.027 0
15	4	0.036 3	0.019 3	0.039 1	0.011 0	0.028 6	0.030 3
	5	0.027 8	0.018 3	0.024 9	0.025 0	0.032 4	0.027 6
20	7	0.033 0	0.028 2	0.039 2	0.037 4	0.042 3	0.038 1
	6	0.029 3	0.042 6	0.036 6	0.032 0	0.042 3	0.038 9
25	7	0.041 9	0.036 9	0.033 5	0.044 0	0.038 7	0.040 7
30	7	0.042 0	0.044 1	0.038 8	0.037 6	0.036 9	0.041 2
35	7	0.042 5	0.039 1	0.040 8	0.037 7	0.044 7	0.042 1
40	7	0.039 1	0.038 2	0.042 8	0.041 0	0.045 3	0.042 5

5.4.2　点蚀形貌的孔蚀率

　　对原始腐蚀图像二值化处理后(见图 5 - 4 - 7),蚀孔区域为黑色(0),材料基体为白色(1),此时通过分别计算蚀孔区域和材料基体区域所含像素点的个数,就可以计算试件的孔蚀率 P:

$$P = \frac{孔蚀总面积}{图像总面积} \qquad (5 - 4 - 1)$$

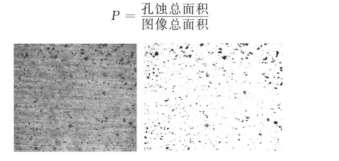

图 5 - 4 - 7　腐蚀图像的二值特征识别

测量孔蚀率时,对每个试件分别取 3 个互不重叠的区域进行拍照(可覆盖约 60% 的试件腐蚀区),认为其反映了试验件整个腐蚀区域的孔蚀率状况。为了避免测量随机性的影响,对于不同腐蚀时间的同一试件,选取的 3 个拍照区域是不变的。

最终的测量结果见表 5-4-2,可以看出,随着腐蚀时间的延长,孔蚀率呈不断增大的趋势,但相同腐蚀条件下不同试件的孔蚀率差别较大。如腐蚀 5 d 的 2 号件的孔蚀率与相同腐蚀时间的 3 号件相比,孔蚀率仅为后者的 1/3 左右。由于腐蚀 5 d 后和腐蚀 10 d 后的 1 号试验件表面没有明显的腐蚀区域,因此表 5-4-2 中 1 号试验件的孔蚀率测量值为 0。

表 5-4-2　试验件表面孔蚀率

腐蚀天数/d	试件编号	孔蚀率/(%)			
		区域 1	区域 2	区域 3	均值
5	1	0	0	0	0
	2	0.003 750	0.015 365	0.000 000	0.006 372
	3	0.010 469	0.014 115	0.031 510	0.018 698
10	1	0	0	0	0
	2	0.014 010	0.026 719	0.116 563	0.052 431
	3	0.024 792	0.017 917	0.058 750	0.033 819
15	4	0.014 792	0.034 583	0.027 396	0.025 590
	5	0.045 365	0.018 125	0.006 198	0.023 229
20	7	1.836 563	0.662 396	0.914 844	1.137 934
	6	0.325 885	0.275 26	0.196 094	0.265 747
25	7	1.946 302	1.212 917	1.110 573	1.423 264
30	7	2.400 156	1.295 365	1.428 229	1.707 917
35	7	2.422 083	1.698 854	1.641 510	1.920 816
40	7	4.797 552	2.207 708	2.796 927	3.267 396

5.5　7B04 铝合金在薄液膜下的腐蚀电化学行为

铝合金的大气腐蚀本质上是不同厚度薄液膜下的电化学腐蚀。自腐蚀电位是金属表面阴阳极反应电量相等时的电位,是腐蚀金属电极的一个重要热力学参数,表征金属失去电子的相对难易,在研究金属腐蚀行为时具有重要意义。图 5-5-1 所示为 7B04 铝合金分别在溶液和 50 μm 薄液膜下阳极极化后的腐蚀损伤形貌。

图 5-5-2 所示为 25℃时,质量分数为 3.5% 的 NaCl 溶液和相同浓度的 100 μm 薄液膜

条件下,7B04 铝合金自腐蚀电位测量值随时间的变化。

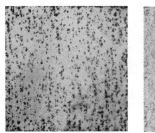

图 5 - 5 - 1　7B04 铝合金在溶液和 50 μm 薄液膜下阳极极化后的腐蚀损伤形貌

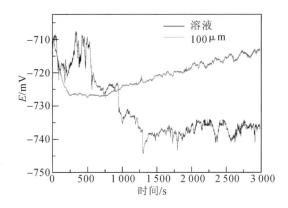

图 5 - 5 - 2　7B04 铝合金在溶液和 100 μm 薄液膜下的自腐蚀电位随时间的变化

从图 5 - 5 - 2 中可以看出,7B04 铝合金自腐蚀电位在溶液中 1 400 s 后仍有波动,而在 100 μm 液膜下只需 250 s 左右即达到稳定,且曲线较为光滑,说明薄液膜下 Cl^- 扩散受到抑制,没有更多的 Cl^- 破坏钝化膜干扰腐蚀过程,而 O_2 扩散速度快,电极表面阴阳极反应很快即达到平衡。随着腐蚀的进行,腐蚀产物在薄液膜下不易扩散产生积聚,导致自腐蚀电位在 800 s 后呈上升状态,而溶液中的腐蚀产物扩散条件好,故自腐蚀电位波动范围较小。

图 5 - 5 - 3 和图 5 - 5 - 5 分别给出了实验得到的薄液膜厚度、Cl^- 浓度、温度对 7B04 铝合金自腐蚀电位的影响。

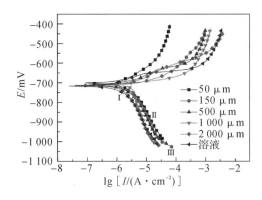

图 5 - 5 - 3　7B04 铝合金在溶液和薄液膜下的极化曲线

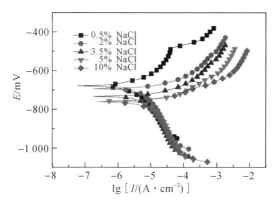

图 5 - 5 - 4　7B04 铝合金在不同浓度 NaCl 薄液膜(100 μm)下的极化曲线

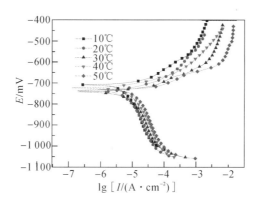

图 5 - 5 - 5　7B04 铝合金在不同温度 NaCl 薄液膜(100 μm)下的极化曲线

可以看出,薄液膜厚度越小,阴极极化电流密度和自腐蚀电流密度越大,腐蚀产物越易积聚,使自腐蚀电位升高和阳极极化过程受到抑制;100 μm 的薄液膜中,随着 Cl^- 浓度增加,铝合金自腐蚀电位下降,自腐蚀电流密度增大,当铝合金表面 Cl^- 浓度达到平衡(5% NaCl)时,自腐蚀电位和电流密度不再变化;100 μm 的薄液膜中,温度升高,自腐蚀电流密度和阴极极化电流密度增大。

5.6　小　　　结

有机涂层是目前飞机结构的主要防护体系,一旦涂层损伤,基体暴露于腐蚀介质中,容易发生腐蚀失效。飞机铝合金搭接结构具有多种腐蚀形式,一般利用腐蚀坑开展结构腐蚀损伤研究。当搭接件腐蚀较轻时,腐蚀坑较小,在微动磨损作用下会相互贯通脱落,这样材料表面就不会产生微裂纹,因此延缓了微裂纹的萌生与扩展。当搭接件腐蚀严重时,微动磨损不能消除蚀坑,裂纹在蚀坑处迅速成核并扩展。从腐蚀图像特征值的角度同样可以对腐蚀损伤进行评估,统计分析表明,孔蚀率与蚀坑深度之间成正相关。

参 考 文 献

[1] 张蕾,陈群志,王逾涯,等. 某型飞机腐蚀关键结构含涂层模拟件腐蚀行为研究[J]. 装备环境工程,2014,11(6):45-49.

[2] 赵芯,谢飞,张帆,等. 浅析现代民用航空飞机蒙皮防腐蚀体系[J]. 全面腐蚀控制,2014(1):22-24.

[3] 张学军,武恒州,张登,等. 飞机铝合金结构连接部位表面防护体系修理技术研究[J]. 装备环境工程,2015,12(6):152-157.

[4] 朱玉琴,苏艳,舒德学,等. 飞机铆(螺)连接件防护涂层在海洋大气环境中的腐蚀行为[J]. 腐蚀与防护,2015(11):148-151.

[5] 陈跃良,王晨光,张勇,等. 钛-钢螺栓搭接件涂层腐蚀失效分析及影响[J]. 航空学报,2016,37(11):3528-3534

[6] 胡建军. 腐蚀及多处损伤(MSD)对飞机结构疲劳强度的影响研究[D]. 烟台:海军航空工程学院,2014.

[7] TRYON R G. Probabilistic mesomechanical fatigue model[D]. Vanderbilt:Vanderbilt University,1996:120-152.

[8] 金平,杨凯,匡林. 估算疲劳寿命时腐蚀坑的当量化处理[J]. 装备环境工程,2010,7(6):130-133.

[9] 董妍,任克亮,刘平平. 含广布腐蚀坑结构寿命评估方法[J]. 力学与实践,2011,33(3):46-49.

[10] 王在俊. 民用飞机蒙皮腐蚀研究[J]. 中国民航飞行学院学报,2011,22(1):31-34

[11] 叶宝玉,朱芳,徐红波. 飞机结构腐蚀损伤概率模型研究[J]. 航空维修与工程,2019(7):36-37.

[12] 杨茂胜. LY12CZ 铝合金微动疲劳特性研究[J]. 科学技术与工程,2012,12(25):6291-6309.

[13] 陈跃良,杨晓华,秦海勤. 飞机结构腐蚀损伤分布规律研究[J]. 材料科学与工程.2002,20(3):378-380.

[14] 胡家林,陈跃良,张玎,等. 基于图像的腐蚀损伤及疲劳寿命研究[J]. 航空学报,2010,31(1):131-135.

[15] 王晨光. 海洋大气环境下 7B04 铝合金结构稳/瞬态腐蚀行为预测及验证[D]. 烟台:海军航空工程学院,2017.

第6章 飞机搭接结构腐蚀损伤预测

腐蚀坑是一种常见的腐蚀表现形式,广泛分布在飞机结构表面,特别是服役环境恶劣的海军飞机。随着腐蚀时间的延长、腐蚀程度的加深,腐蚀坑数量增多、深度增大。由大量的试验观测可知:经受预腐蚀损伤的试验件在进行疲劳加载的时候,裂纹是从某个腐蚀坑处形核并扩展的。因此,许多学者对蚀坑与裂纹的等效性进行了研究。相关文献对 U 形蚀坑和裂纹对 LY12CZ 材料的应力分布的影响进行了研究,发现在某些情况下二者引起的应力分布和疲劳极限有很多相似性,并用"临界距离"把二者联系起来,大于这一"临界距离"时,二者具有相同的应力水平,影响二者等效最关键的因素是缺口前沿半径。

如果蚀坑可等效为裂纹,在裂纹扩展分析中就可以不用过多地强调蚀坑的拓扑特征。如何将腐蚀坑等效为裂纹,以及腐蚀坑等效为裂纹时的有效性,是本章重点研究的问题。

6.1 腐蚀坑等效为表面裂纹的有效性分析

6.1.1 服役环境下 LY12CZ 蚀坑的拓扑特征

为获得服役环境下引起疲劳失效蚀坑的拓扑特征,对取自某退役飞机机翼蒙皮的 LY12CZ 光滑试件进行等幅疲劳试验。该飞机在环境恶劣的沿海机场服役了 20 多年,试件表面失去了金属光泽,表面坑坑点点,具有明显的腐蚀痕迹,如图 6-1-1 所示,试件几何尺寸单位为 mm,试件厚度为 3.3 mm。

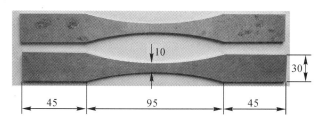

图 6-1-1 试件几何尺寸及腐蚀状况图(单位:mm)

试验在 Material Test System 810 电液伺服疲劳试验机上进行,应力比 R 为 0.2 和 0.5,最大应力分别为 403 MPa 和 260 MPa,试验环境为实验室环境。试件失效后,对断口用电镜进行观察,通过数码成像技术,利用相关测量软件,测得蚀孔宽度和深度尺寸,如图 6-1-2 所示,该尺寸被用于有限元的建模和裂纹扩展分析。图 6-1-3 给出了典型蚀坑形貌,并表明裂纹从蚀坑处开始扩展并导致了最后的断裂。

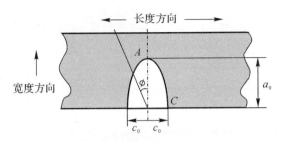

图 6-1-2　半椭球形蚀坑示意图

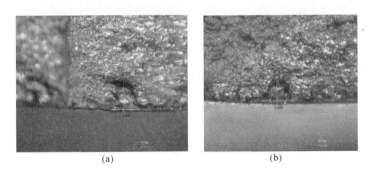

(a)　　　　　　　　(b)

图 6-1-3　蚀坑的腐蚀形貌及尺寸

6.1.2　蚀坑和等效裂纹对结构应力分布影响的二维有限元分析

等效裂纹与蚀坑一一对应,即将蚀坑尺寸作为等效裂纹的初始尺寸。蚀坑等效成二维裂纹时,裂纹长度等于蚀坑深度;蚀坑等效成三维半椭圆形裂纹时,蚀坑的宽度和深度分别作为裂纹的长轴和短轴(见图 6-1-2)。

利用 StressCheck 按图 6-1-3 中的真实蚀坑尺寸建模。StressCheck 是基于 p-型有限元算法的程序,可以通过增加单元的多项拟合自由度来控制误差,其最大优点是网格划分比较简单,特别适合于复杂形貌结构的建模分析,蚀坑有限元局部模型如图 6-1-4 所示。为将蚀坑等效成裂纹,对比模型只有一边裂纹,裂纹长度等于蚀坑深度 d。图 6-1-5 给出了蚀坑和蚀坑等效成裂改后两种情形下在同等应力水平下的应力云图。从应力云图的形状和大小分布来说,蚀坑的力学模型与等效裂纹基本相似。

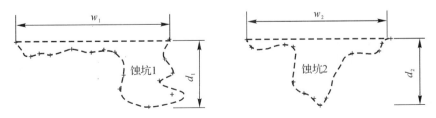

图 6-1-4　基于 StressCheck 的蚀坑部位有限元模型

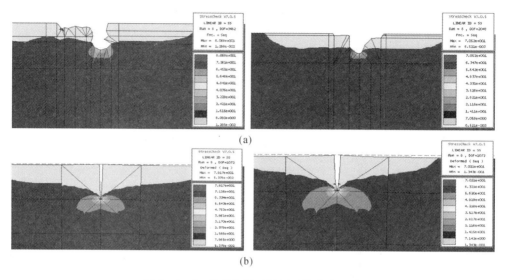

(a)

(b)

图 6-1-5　蚀坑(a)与裂纹(b)的应力云图

6.1.3　蚀坑和等效裂纹对结构应力分布影响的三维有限元分析

结构表面蚀坑和腐蚀坑底部在疲劳载荷的作用下产生萌生裂纹以后直到破坏,严格来说均属于三维问题,下面从三维的角度分析蚀坑当量成三维裂纹的合理性。

从试件断面(见图 6-1-3)可以看出蚀坑形状是十分不规则,由于测量设备的限制,很难测出蚀坑的三维尺寸,为此把蚀坑都看成规则的半椭球形状,其长短轴等于裂纹断面蚀坑测量尺寸。图 6-1-6 给出了在同等远方应力情况下蚀坑 2 等效成裂纹前后的等效应力云图,从等效应力大小和形状来看,二者有许多相似点,图 6-1-7 还给出了沿裂纹和蚀坑等效应力的变化,可以看出等效前后等效应力变化不大。从三维的角度来看,蚀坑与等效裂纹对结构应力的影响十分相似。图 6-1-8 所示为计算模型结构示意图。

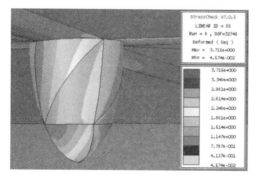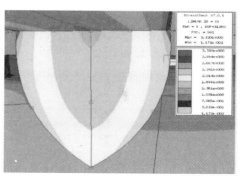

图 6-1-6　蚀坑与裂纹应力云图对比图

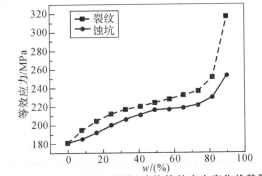

图 6 - 1 - 7　沿蚀坑(裂纹)边缘等效应力变化趋势图

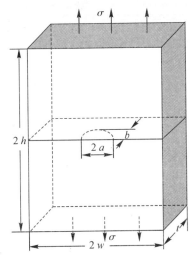

图 6 - 1 - 8　计算模型结构示意图

6.2　基于图像特征值的腐蚀损伤预测

6.2.1　孔蚀率与蚀坑深度回归模型的建立

以蚀坑深度为因变量,以式(5－4－1)中的孔蚀率(k)为自变量,运用回归分析方法对它们进行一元线性回归和一元非线性回归的拟合,随后将腐蚀时间和孔蚀率结合起来,与蚀坑深度进行二元线性回归的拟合,建立了三者之间的回归模型。

最终的拟合结果见表 6－2－1。计算时发现,以孔蚀率为自变量时,无法拟合得到一元非线性回归模型,因此没有列于表中。利用方差分析法对得到的回归模型进行显著性检验,发现各回归模型 F 值均大于 $F_{0.01}(1,12)$,即回归模型高度显著。

表 6 - 2 - 1   基于腐蚀时间及孔蚀率的蚀坑深度回归模型

回归分析(自变量)	回归模型/mm	F	$F_{0.01}(1,12)$
一元线性回归 (孔蚀率)	$d=0.010\ 598k+0.018\ 811$	10.551 9	
二元线性回归 (孔蚀率、腐蚀时间)	$d=-0.008\ 552\ 9k+0.001\ 853\ 4t-$ $0.000\ 104\ 47$	28.325 3	9.330 2

图 6 - 2 - 1 所示为回归模型的拟合图。从图中可以看出,随着孔蚀率的增大,蚀坑深度也随之增大,但是增大的速率呈迅速下降的趋势。本节所构建的以孔蚀率为自变量的一元线性回归模型未能反映出这一变化趋势。

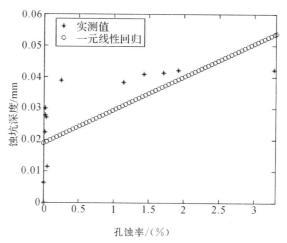

图 6 - 2 - 1   孔蚀率与蚀坑深度的关系

6.2.2   算例验证

对表 5 - 4 - 1 中腐蚀前 25 d 的腐蚀时间、孔蚀率、蚀坑深度进行拟合,用拟合得到的回归模型预测腐蚀 30 d、35 d、40 d 时试件表面的蚀坑深度。计算时发现,以孔蚀率为自变量时,无法拟合得到一元非线性回归模型,因此没有列于表中。

最终的预测结果见表 6 - 2 - 2 和表 6 - 2 - 3。从表中看出,腐蚀 30 d、35 d 的实测蚀坑深度,与线性回归模型的预测结果相对误差较小,但是随着腐蚀时间延长到 40 d,回归模型的相对误差出现了增大的趋势。

表 6 - 2 - 2   回归模型预测结果

实测蚀坑 深度/mm	一元线性回归模型 $d=0.019\ 023\ k+0.016\ 862$ $F=5.934\ 4$	相对误差/(%)
0.041 2	0.049 4	19.785 7
0.042 1	0.053 4	26.844 9
0.042 5	0.079 0	85.923 9

表 6 - 2 - 3　回归模型预测结果

实测蚀坑深度/mm	二元线性回归模型 $d = -0.001\,391\,5k + 0.001\,929\,3t - 0.002\,149\,3$ $F = 19.113\,3$	相对误差/(%)
0.041 2	0.053 4	29.497 9
0.042 1	0.062 7	48.939 2
0.042 5	0.070 5	65.826 2

6.3　基于瞬态腐蚀场的搭接结构缝隙腐蚀预测

缝隙腐蚀是一种常见的局部腐蚀现象,容易发生在飞机搭接结构贴合面、螺(铆)接连接孔等处。缝隙腐蚀位置较为隐蔽,腐蚀及腐蚀产物会降低结构强度,引起连接失效,既缩减结构件服役寿命,又带来安全隐患。

6.3.1　缝隙腐蚀试验

飞机服役过程中,机体表面不断进行着干湿交替过程,该过程可通过缝隙腐蚀试验进行模拟。模拟试验件如图 6 - 3 - 1 所示,PVC 试验件表面紧密贴合聚乙烯薄膜后与 7B04 试验件叠放,接触面积为 50 mm × 50 mm,二者之间有一个宽度为 0.2 mm、深度为 50 mm 的缝隙。

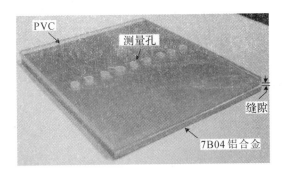

图 6 - 3 - 1　缝隙几何模型

让制备的模拟试验件分处于两种环境中:一组铝合金外表面刷涂 NaCl 溶液,干燥后形成盐沉积,缝隙内充满 NaCl 溶液后使缝隙口朝上竖直放置于 98% 湿度的干燥器中,这样缝隙内液体便与外部沉积盐吸湿形成的液膜相连;另一组缝隙内直接充满溶液后缝隙口朝上竖直置于大气中,以模拟缝隙内液体与外界大气相连情况。试验溶液均为 0.6 mol/L 的 NaCl 溶液(NaCl 质量分数约为 3.3%),温度为 25℃。

6.3.2 缝隙腐蚀预测模型

随着 6.3.1 节中电化学试验的进行,模拟试验件缝隙内溶液的成分和 pH 在不断发生变化。以电化学试验获得的 7B04 铝合金极化曲线作为边界条件,建立基于瞬态腐蚀场的 7B04 铝合金缝隙腐蚀模型,再采用有限元法研究两种缝隙腐蚀情形。

缝隙腐蚀模型计算得到缝隙口与外部液膜或大气相连两种情况下,缝隙中央截线上的 pH 分布随时间的变化,如图 6-3-2 所示。可以看出,两种腐蚀情况下的缝隙溶液呈现不同的 pH 分布。当缝隙口与外部液体相连时,缝隙口附近溶液一直呈酸性,内部溶液逐渐由碱性向酸性转变。

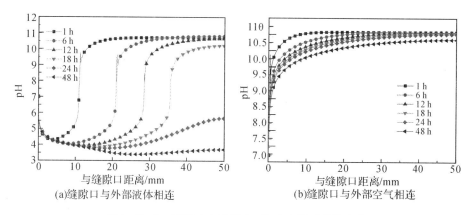

图 6-3-2　缝隙中央截线上 pH 分布随时间的变化

将 24 h 和 48 h 时缝隙中央截线上的 pH 测量值与模型计算值作对比,如图 6-3-3 所示。可以看出,pH 测量数据与计算结果相近且变化趋势相同,在一定程度上说明了缝隙腐蚀预测模型的准确性。

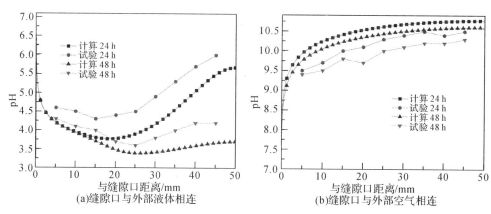

图 6-3-3　缝隙口处 pH 分布随时间的变化

利用缝隙腐蚀模型进一步计算缝隙内溶液电势、各物质浓度分布及铝合金界面腐蚀电流密度,如图 6-3-4 和图 6-3-5 所示。可以看出,两种腐蚀情况下缝隙内溶液电势分布均呈现相同梯度趋势,即缝隙口电势较低。故靠近缝隙口的铝合金的电极电位(铝合金电势与溶液电势之差)较高,缝隙内部较低,所以缝隙口附近铝合金腐蚀电流密度较高,缝隙内部较低。

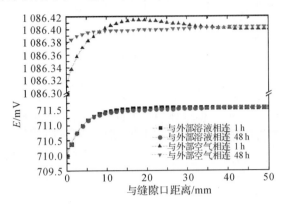

图 6-3-4　缝隙中央截线上的溶液电势分布

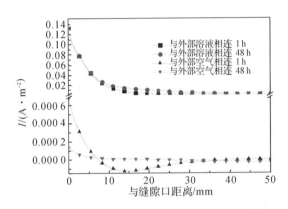

图 6-3-5　缝隙内铝合金界面上的腐蚀电流密度分布

将腐蚀 48 h 的试验件拆解检查,结果发现缝隙口附近的铝合金腐蚀均比缝隙内部严重,放置于恒湿干燥器中的试验件腐蚀较重,而放置于大气中的试验件腐蚀较轻,如图 6-3-6 所示,与仿真结果一致,进一步验证了模型的准确性。

(a)缝隙口与外部液体相连　　　　　(b)缝隙口与外部空气相连

图 6-3-6　7B04 铝合金缝隙腐蚀形貌

6.4 小　　结

二维和三维有限元分析表明,实际蚀坑与等效裂纹对结构应力分布的影响十分相似,将蚀坑等效为裂纹后,应力强度因子的大小和变化趋势变化不大。对腐蚀时间、孔蚀率、蚀坑深度进行拟合,用拟合得到的回归模型预测腐蚀 30 d、35 d、40 d 时试件表面的蚀坑深度,结果表明,随着腐蚀时间延长到 40 d,回归模型预测结果的相对误差出现增大趋势。基于瞬态腐蚀场建立的 7B04 铝合金缝隙腐蚀模型,在研究缝隙内 pH 分布、溶液电势、铝合金界面腐蚀电流密度时,预测结果与试验结果趋势一致。

参 考 文 献

[1] MEDVED J J, RETON M, IRVING P E. Corrosion pit size distributions and fatigue lives: a study of the EIFS technique for fatigue design in the presence of corrosion[J]. In J fatigue. 2004, 26(1):71 - .80

[2] DUQUESNAY D L, UNDERHILL P R, BRITT H J. Fatigue crack growth from corrosion damage in 7075-T6511 aluminum slloy under aircraft loading[J]. In J fatigue. 2003, 25(5):371 - 377.

[3] 张有宏. 飞机结构的腐蚀损伤及其对寿命的影响[D]. 西安:西北工业大学,2007

[4] 郁大照. 腐蚀和多处损伤对飞机结构完整性的影响研究[D]. 烟台:海军航空工程学院, 2008.

[5] YU D Z, CHEN Y L. Effects of pitting corrosion on fatigue life of aluminum alloy LY12CZ based on initial discontinuity state[J]. Transactions of monferrous metals society of China 2006, 16: 1319 - 1322.

[6] 郁大照,陈跃良,蒋荟,等. 基于 ANSYS 的缺口和裂纹对结构应力分布影响有限元研究 [J]. 力学季刊, 2003,24(3):407 - 410.

[7] NEWMAN JR J C, RAJU I S. An empirical stress intensity factor equation for the surface crack[J]. Engng Fracture Mech,1981(15):185 - 192.

[8] 赵少汴. 局部应力应变法及其设计数据[J]. 机械设计,2000(2):1 - 4.

[9] 吴学仁. 飞机结构金属材料力学性能手册 第 3 卷:腐蚀疲劳[M]. 北京:航空工业出版社, 1996.

[10] 张皓玥,王津梅. 金属缝隙腐蚀的成因及实验验证[J]. 表面技术, 2017,46(2): 204 - 207.

[11] 陈东旭,吴欣强,韩恩厚. 缝隙腐蚀研究进展及核电材料的缝隙腐蚀问题[J].中国腐蚀与防护学报,2014,34(4):295 - 298.

[12] 胡家林,陈跃良,张玎,等.基于图像的腐蚀损伤及疲劳寿命研究[J].航空学报,2010,31(1):131 - 135

[13] 曹楚南.腐蚀电化学原理[M].北京：化学工业出版社,2008.

[14] 王晨光.海洋大气环境下 7B04 铝合金结构稳/瞬态腐蚀行为预测及验证[D].烟台:海军航空工程学院,2017.

第7章 腐蚀条件下飞机搭接结构力学特性分析

腐蚀条件下,铆钉(螺栓)的弯曲和翘起、铆钉(螺栓)预紧力、腐蚀产物引起的枕垫效应,再加上两板间的摩擦力、紧固孔的应力集中和第二弯矩等因素的影响,飞机搭接结构的应力和应变呈复杂的三维特性。搭接结构的三维建模和计算比较耗时,但随着计算机和软件的发展,对搭接结构进行三维有限元分析已变得相对容易,这样的分析也开始在公开文献中出现。一些早期的研究没有考虑铆钉(螺栓)与孔间的接触,用简化的方式来模拟铆钉(螺栓)的作用,如对孔边节点的径向位移进行约束。后来,有人对螺栓与孔间接触建立了详细的模型,其中有人把螺栓看成固定的圆柱形接触面,还有人把螺栓看成弹性体并用三维有限元模型进行模拟。以上模型都对实际搭接结构进行了大量简化,没有考虑铆钉(螺栓)与孔壁间的非线性接触及摩擦,特别是两板间的接触与摩擦。

本章使用非线性有限元软件对三螺栓单搭接件、宽板搭接件进行三维有限元分析,并考虑板与板(螺栓)间摩擦力、螺栓预紧力、材料非线性、枕垫效应、剥蚀等因素的影响。

7.1 单搭接件的力学特性分析

7.1.1 单搭接件试验

1. 试验件

试验件为厚度 2 mm 的 LY12CZ 铝合金板制作的搭接件,其化学成分与力学性能见表 7-1-1。

表 7-1-1 LY12CZ 铝合金的化学成分(质量分数,%)和力学性能

Cu	Mg	Mn	Fe	Si	Zn	Ti	Fi+Ni	Al	(极限)屈服强度/MPa	极限拉伸强度/MPa	延伸率(%)	弹性模量/MPa
4.50	1.42	0.74	0.50	0.19	0.30	0.15	0.5	余量	322	443	11	69 580

试验件沿 L-T 方向取材,采用三螺栓单排连接,螺栓孔分为直孔和沉孔,螺栓与孔间无干涉配合,如图 7-1-1 所示。部分试件在上板 1# 孔边预制长度为 0.2 mm 的径向裂纹,损伤模式分为单裂纹和对称双裂纹,如图 7-1-2 所示,螺栓分为三类直径(4 mm、5 mm、6 mm)和三种材料(LY10、ML30CrMnSiA、Ti-6Al-4V),具体规格见表 7-1-2。试件装配时,每个

螺栓螺帽上施加 $0.5\,N \cdot m$ 的扭矩。试件代号与具体尺寸见表 7－1－3。

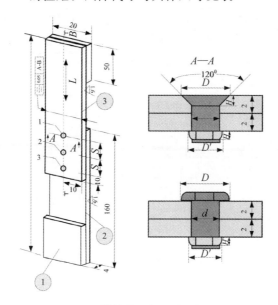

图 7－1－1　搭接件几何尺寸(单位:mm)

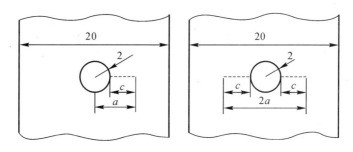

图 7－1－2　1#孔处裂纹损伤模式

表 7－1－2 螺栓规格和尺寸

螺栓代号	类型	材料	D/mm	D'/mm	D/mm	H/mm	H'/mm
CSD4	沉头	ML30CrMnSiA	7.8	6	4	1.2	1.6
FSD4	平头	ML30CrMnSiA	7.8	6	4	1.2	1.6
CLD4	沉头	LY10	7.8	6	4	1.2	1.6
CTD4	沉头	Ti-6Al-4V	7.8	6	4	1.2	1.6
CSD5	沉头	ML30CrMnSiA	9.5	7.8	5	1.4	2.0
CSD6	沉头	ML30CrMnSiA	11.5	8.7	6	1.7	2.4

表 7 - 1 - 3　试件模式

试验组号	试件编号	螺栓代号	裂纹模式	S/mm	$T/(\mathrm{N \cdot mm})$
基准试验	1~3	CSD4		20	轻微用力
A	D1	CSD5		20	轻微用力
	D2	CSD6		20	轻微用力
B	S1	CSD4		25	轻微用力
	S2	CSD4		18	轻微用力
C	H	FSD4		20	轻微用力
D	M1	CTD4		20	轻微用力
	M2	CLD4		20	轻微用力
E	T	CSD4		20	T(标准)
F	C1	CSD4	单裂纹	20	轻微用力
	C2	CSD4	对称双裂纹	20	轻微用力

2. 试验步骤

(1)静拉伸试验。以 10 N/s 的速度加载到 1 kN,用应变仪记录下各应变片随载荷的变化关系。

(2)疲劳试验。静拉伸后卸载到 0,对试验进行等幅疲劳试验,直至试件失效,每组试件做 3 件。加载波形为正弦波,应力比 $R=0.1$,载荷 $\sigma_{\max}=180$ MPa,频率为 6 Hz。

(3)对含预制裂纹搭接件的应变测量。首先按步骤(1)对试件进行静拉伸试验,然后卸载到 0,对试件进行疲劳试验,$R=0.1$,载荷 $\sigma_{\max}=100$ MPa,频率为 3 Hz。当裂纹扩展到一定长度时,停止试验,并使试件卸载到 0,然后重复步骤(1)(3)。

7.1.2　有限元模型

1. 网格划分

为了尽可能地使模型能反映结构的实际情况,采用 MSC. Marc 对搭接结构进行三维非线性有限元分析。上、下搭接板和螺栓都用 20 节点六面体单元进行网格划分,螺栓中心用楔形单元。图 7 - 1 - 3 所示是沉孔搭接件各部件典型有限元模型。

图 7 - 1 - 3　搭接件有限元模型

2. 接触描述

用 MSC.Marc 接触表建立板与板及板与螺栓之间的接触关系,以防止它们之间的互相穿透。上、下板间的摩擦因数参考 2024-T351 铝合金。对 2024-T351 铝合金搭接结构的试验研究表明,两板间的摩擦因数开始为 0.2,经过几百次循环后,逐步增加到 0.65 并变得相对稳定。为简化计算,取摩擦因数为 0.4。根据相关文献,取钢和钛合金与铝合金的摩擦因数为 0.2。基本模型不考虑螺栓与孔的干涉配合。图 7-1-4 给出了设置接触后的有限元模型。

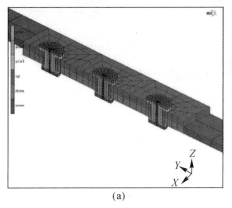 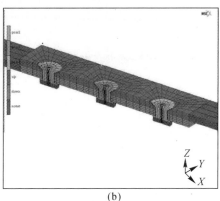

(a)　　　　　　　　　　　　　　　　(b)

图 7-1-4　搭接件接触关系

3. 边界条件

边界条件如图 7-1-5 所示,对上、下板的两端加固段(其长度约等于试验时的夹持段长度)Z 向位移进行约束,远方载荷施加在上板的截面 A,下板截面 B 的所有节点的三个自由度都进行约束。

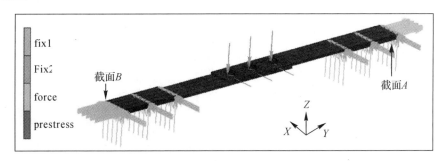

图 7-1-5　搭接件模型边界条件

通过 MSC.Marc 中的标准选项,即 TYING 和 SERVO LINKS,模拟螺栓的预紧力。螺栓预紧力根据根据下式计算:

$$T = KF_0 d \times 10^{-3} \tag{7-1-1}$$

式中:T 为螺栓施加的扭矩;d 为螺栓公称直径;K 为拧紧力矩系数;F_0 为预紧力。由于螺栓、螺母和被连接件等摩擦面的状况和润滑情况不同,摩擦因数一般在 0.1~0.2 之间,本节取 K 值为 0.2。

4.非线性特性

搭接件在应力作用下会发生弯曲变形,如图 7-1-6(放大 5 倍)所示。从力学角度看,这一过程包括几何非线性、材料非线性和非线性接触。由于螺栓和板的转动角度很小,在分析时只考虑了材料非线性和非线性接触,对非线性接触分析 MSC.Marc 使用直接约束法处理。其他材料参数见表 7-1-1。

图 7-1-6 搭接件变形图

7.1.3 模型验证

本节主要通过试验数据对三维有限元模型及第 6 章二维有限元模型的精度进行验证。

1.表面应变的对比及应力和反平面位移分析

对直孔试件按图 7-1-7 所示贴应变片,应变片规格为 6 mm×3 mm,电阻值 120 Ω。除了应变片 6 个方向垂直于载荷,其余应变片方向都平行于载荷方向,应变片 2 贴在板的另一面,与应变片 1 对称粘贴。对试件按 10 N/s 的速度施加到一不引起搭接件损伤的载荷——1 kN,记录下每步的应变值,试件的安装及应变测量系统见图 7-1-8。通过 Vib'SYS 振动信号采集、处理和分析软件可转化得到对应时间的应变值。

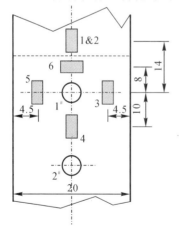

图 7-1-7 应变片粘贴位置示意图(单位:mm)

图 7-1-8 试件安装图

每次试验重复 3 或 4 次,直到结果的分散性在±15 微应变(με)范围内。每个试件取其最接近两组数据的平均值作为测量值,然后取 4 个试件的平均值作为试验值与有限元数据进行对比。图 7-1-9 给出了各应变片试验值随载荷的变化趋势曲线。从图 7-1-9 中可以看出:

(1)应变片 1 和应变片 2 的曲线表明此点的弯矩数值较大,对应变片 1 来说,由于弯矩的影响,其拉应变被压应变抵消,其输出几乎为 0。

（2）当载荷为 1 kN 时，应变片 1 所处截面应力为 25 MPa，此时应变片 1 和应变片 2 的平均值为356.8 $\mu\varepsilon$，也就是材料的弹性模量为 70 GPa，这表明应变的测量是正确的。此处的弯曲应变由两应变片的差值除以 2 可得 358.1 $\mu\varepsilon$。

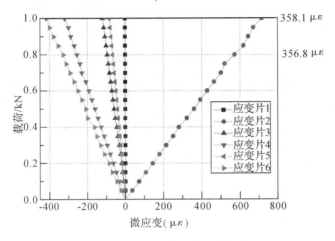

图 7-1-9　应变片试验测量值

（3）由应变片 3、应变片 4、应变片 5 的曲线可知，尽管搭接件受拉，但搭接区的应变片呈压应变，这是由于搭接件第二弯矩的影响。

（4）应变片 3 和应变片 5 对称分布，但在载荷较大时，二者值有稍微的差别，这可能是搭接件沿其轴向产生了扭转，不过这一差别在试验误差的分散范围之内。

（5）应变片 6 呈现明显的压应变，如果板只沿纵身弯曲，沿横向是平的，则由于泊松比的影响，此点沿横向的应变应是拉应变，而此点的板表面受压应力，这表明搭接件发生了"鞍马现象"，即板表面呈双曲面形状。

为与试验值对比，划分有限元模型时在应变片中心位置设置一节点，二维分析时，只对第一个螺栓用详细单元表示，后两个螺栓用弹簧元表示，同时 FRANC2D/L 在对搭接件进行分析时，能分别给出每层板的上表面、对称面及下表面的应力应变值，7-1-10 和图 7-1-11 分别给出了上搭接件二维和三维有限元分析轴向应变图（不考虑干涉配合），可以看出，如试验一样，搭接区外表面受压。

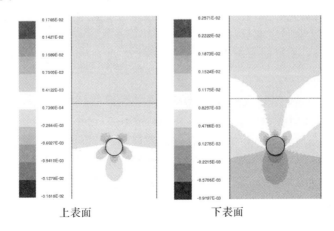

图 7-1-10　搭接件有限元应力云图（FRANC2D/L 模型）

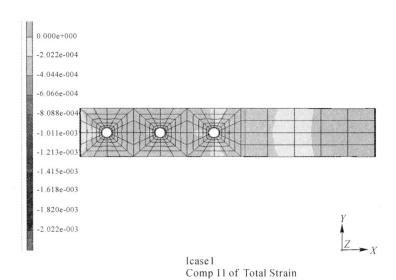

lcase1
Comp 11 of Total Strain

图 7 - 1 - 11　搭接件有限元应力云图(MSC. Marc 模型)

载荷为 1 kN 时的有限元计算值和试验结果见表 7 - 1 - 4。

表 7 - 1 - 4　载荷为 1 kN 时应变试验值和有限元计算值

应变片编号	试验值/$\mu\varepsilon$	有限元计算值/$\mu\varepsilon$	
		二维	三维
1	-1.3	78	-28.2
2	714.9	789	768
3	-120	-74	-109
4	-320	-262	-338
5	-84.6	-73	-107.3
6	-416	-356	-438
计算耗时/min		3.52	28.4

　　二维和三维分析的轴向应变分别为 403.5 $\mu\varepsilon$ 和 369.9 $\mu\varepsilon$,三维模型精度明显高于二维模型(试验值为 356.8 $\mu\varepsilon$),不过两有限元模型的弯应变分别为 390.5 $\mu\varepsilon$ 和 398.1 $\mu\varepsilon$,都与试验值(358.1 $\mu\varepsilon$)比较接近。

　　应变片 3、应变片 4、应变片 5、应变片 6 的三维计算值与试验值比较接近,而二维数值都小于试验值,特别是钉孔前后两节点(应变片 4 和应变片 6)远小于试验值,这说明对螺栓的二维简化与实际螺栓对孔前后应力分布影响有一定的区别。

　　从应变片 3 和应变片 5 的有限元数值看,模型如试验件一样也可能发生了扭转,图 7 - 1 - 12 给出了三维模型的局部变形图(放大 80 倍),对上表面来说,有趣的是"鞍马"凸起部分发生在孔与夹持端之间,而凹陷部分出现孔之间,这种现象往往被称为"第三弯矩"。

　　为更直观地对比试验值和有限元数据,图 7 - 1 - 13 给出了应变计算值随载荷的变化曲线。从图 7 - 1 - 9 和图 7 - 1 - 13 中可以看出,在载荷从 0 逐步增加到 1 kN 时,二维和三维模型计算值都与试验值相对比较吻合,说明二维和三维模型都能有效地分析搭接件关键孔附近的应变特性,但三维模型精度高于二维模型,不过从表 7 - 1 - 4 中的计算耗时来看,二维分析效率明显高于三维分析,所以在分析宽板多螺栓搭接件时,应首选二维模型。

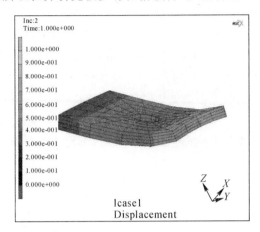

图 7 - 1 - 12　上板局部变形图

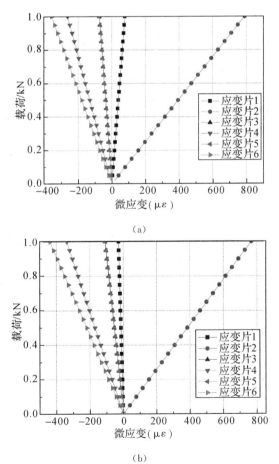

(a)

(b)

图 7 - 1 - 13　应变片有限元计算值

以上对含直孔搭接件的应变特性进行了分析,下面基于三维有限元模型分别对含直孔和沉孔搭接件的反平面位移和应力分布进行分析,为使搭接件变形更加明显,施加 2 kN 的远端载荷。

图 7-1-15 给出沿图 7-1-14 中的线 1 和线 2 的 Z 向位移,可以看出含直孔搭接件两边的反平面位移是不同的,在 $x=60$ mm 处,其值相差约为 0.018 mm,不过含沉孔搭接件的两边位移基本相同。为更直观地分析两类搭接件横向变形,图 7-1-16 给出了沿线 3、线 4、线 5 和线 6 的 Z 向位移,可以看出,紧固孔为直孔时,搭接件明显发生了扭转,沉孔时,只在线 5 左端产生了轻微的扭转,板的扭曲可能是由于螺栓产生旋转,使其与板沿厚度方向接触不均匀,造成 $\pm45°$ 方向的压力不同,同时螺栓的旋转会导致搭接件的柔度增加。可能沉孔对螺栓的约束大于直孔,使其旋转角度比较小,造成搭接件的扭转也较小。当然,螺栓的旋转同螺栓的材料特性和施加的应力有关。

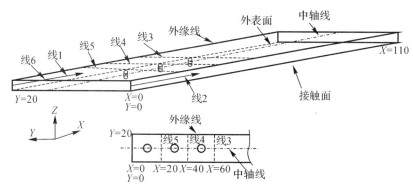

图 7-1-14 上板路径的定义

尽管搭接件扭曲的数值非常小,但对螺接或黏结搭接件都应注意此问题,特别是需密封的结构。从图 7-1-16 中还可以看出,与试验一样,搭接件出现了"第三弯矩"现象,"鞍马"凸起出现于线 5 和线 6 处,凹陷出现于线 3 和线 4 处,极值一般都位于中轴上,不过含直孔搭接件不如含沉孔搭接件"第三弯矩"特征明显,这主要是因为平板出现横向凹陷弯曲是由螺栓头沿厚度方向局部压应力造成的,而横向凸起弯曲是由宽梁的弯曲特性造成的。

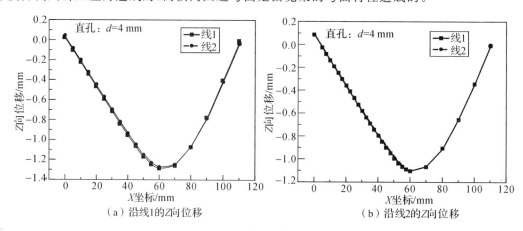

(a) 沿线1的Z向位移   (b) 沿线2的Z向位移

图 7-1-15 沿线 1 和线 2 的 Z 向位移

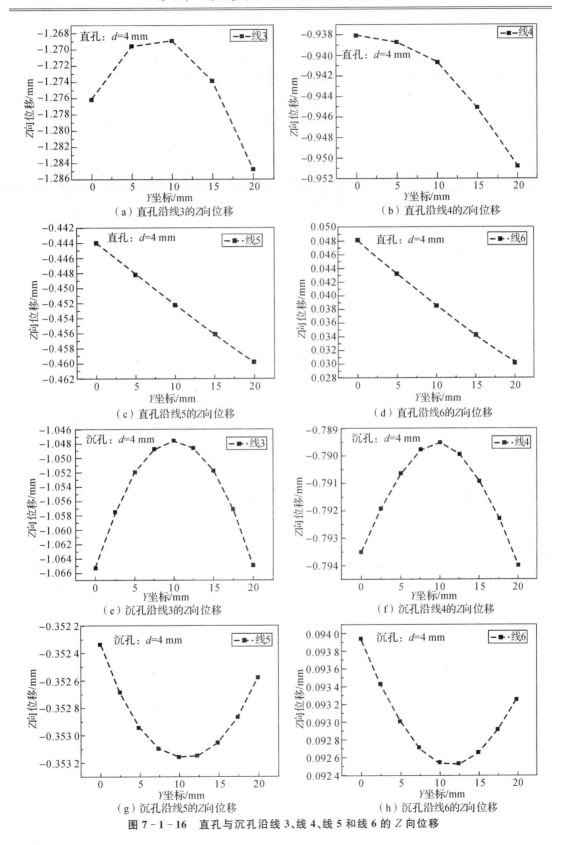

图 7 - 1 - 16   直孔与沉孔沿线 3、线 4、线 5 和线 6 的 Z 向位移

为进一步分析搭接件的弯曲应力特性,图 7-1-17 给出了沿中心线(方向沿 X 轴)的内外表面 σ_{11} 变化趋势曲线,可以看出,在载荷施加端,两个表面的应力约等于施加应力,在第一个紧固孔处弯矩达到最大值;外表面受拉应力,接触面受压,两个表面上的应力基本呈线性变化,直到在第一个孔边重新达到一个峰值应力。应力在每个孔右侧应趋向于 0,因为螺栓与孔没有接触,在孔的另一侧螺栓与孔有接触,存在一大的压应力。还可以看出,最大应力值大于材料的屈服强度,这也是本章对搭接件进行非线性分析的原因。

沿外缘线的应力分布如图 7-1-18 所示,根据边界条件,板的初始段应力等于远方施加应力,然后弯矩达到最大,接着从右到左应力线性下降,在第一个孔处重新达到一个最大值。

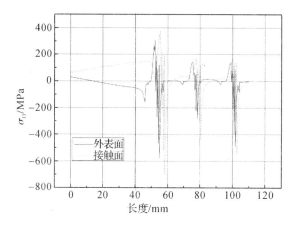

图 7-1-17　沿中心线的内外表面 σ_{11} 变化趋势曲线

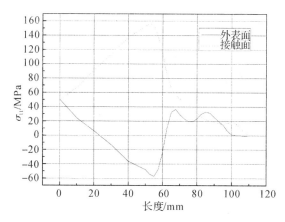

图 7-1-18　沿外缘线的内外表面 σ_{11} 变化趋势曲线

2. 无裂纹搭接件载荷传递比(Load Transfer Ratio,LTR)的对比

对直孔搭接件粘贴应变片,应变片布置如图 7-1-19 所示。

试验中采用应变片测量搭接件的应力场,每个螺栓的 LTR 为

$$\text{LTR}_{\text{pin1}} = 1 - \frac{\varepsilon_B}{\varepsilon_A}, \quad \text{LTR}_{\text{pin2}} = \frac{\varepsilon_B - \varepsilon_C}{\varepsilon_A}, \quad \text{LTR}_{\text{pin3}} = \frac{\varepsilon_C}{\varepsilon_A}, \qquad (7-1-2)$$

式中:ε_A、ε_B、ε_C 是同一截面上三个应变片的平均应变。ε_A、ε_B、ε_C 的值为

$$\varepsilon_A = \frac{1}{2} \left\{ \frac{1}{2} \times \left[\varepsilon_1 + \varepsilon_2 + \left(\frac{W/5}{0.5 - W/5} \right) \times (\varepsilon_1 - \varepsilon_2) \right] + \right.$$
$$\left. \frac{1}{2} \times \left[\varepsilon_3 + \varepsilon_2 + \left(\frac{W/5}{0.5 - W/5} \right) \times (\varepsilon_3 - \varepsilon_2) \right] \right\} \qquad (7-1-3)$$

共对 6 个试件进行了应变测量,图 7-1-20 给出了 4 个试验值比较接近的试件的数据。

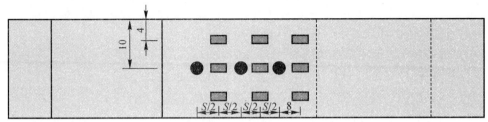

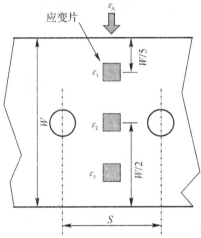

图 7-1-19　应变片布置图(单位:mm)

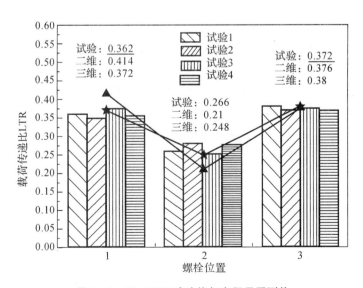

图 7-1-20　LTR 试验值与有限元预测值

二维模型分析 LTR 时,螺栓 1 所受载荷通过杆单元面积与其剪应力乘积得到,另外两螺栓可由 FRANC2D/L 直接给出;三维模型计算载荷传递时,对截面 3、截面 4 和截面 5 处的 σ_{11} 应力沿厚度方向进行积分,截面 3 对应的总载荷为 1 kN,然后根据截面 4 和截面 5 处的载荷就可计算出每个螺栓传递的载荷。有限元预测值也在图 7 - 1 - 20 中给出,可以看出,第 1 和第 3 个螺栓承载较大,有限元模型预测值与试验平均值比较接近,特别是三维模型,这说明两模型的计算方法是有效和可靠的。二维模型第 1 个螺栓承载较大,与试验值的误差为 14. 36%,这与其用详细的杆元表示,而另外两螺栓用钉单元表示有关。

由于二维模型不能分析沉孔的影响,所以本章没有对沉孔试件做应变测量。下面用三维有限元模型分析各种因素对不含裂纹沉孔搭接件 LTR 的影响,远端最大载荷为 1 kN。

(1)螺栓孔形式对 LTR 的影响。在孔径和螺栓材料一定的情况下,图 7 - 1 - 21 给出了两种孔形式下的三维模型计算的 LTR 对比曲线,可以看出,相对于直孔,沉孔情形下的 1# 和 2# 螺栓的 LTR 有所增大,如 1# 螺栓增加 1.34%,3# 螺栓 LTR 则下降,下降幅度为 3.16%,说明情况允许时,搭接件应尽可能地采用直孔形式。

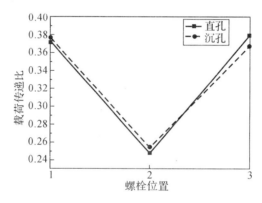

图 7 - 1 - 21   孔形式对 LTR 的影响

(2)螺栓材料对 LTR 的影响。分析了 3 种材料对 LTR 的影响,从图 7 - 1 - 22 可以明显看出,在小载荷下螺栓材料对其 LTR 的影响可以忽略不计。这也从侧面证明了第 3 章给出的螺栓材料对孔边裂纹 SIF 没有影响的结论。

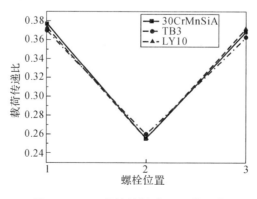

图 7 - 1 - 22   螺栓材料对 LTR 的影响

(3)干涉配合对 LTR 的影响。适当的干涉配合可以延长疲劳寿命。首先,由于干涉配合能减少或避免钉与孔之间的磨损，并使孔边材料组织更紧密；其次，干涉配合能够降低应力高度集中点的交变应力幅。在干涉配合情况下，孔周围平均拉应力水平虽有所增长，但由于降低了交变应力幅，其疲劳寿命仍显著增长。

干涉配合会严重改变搭接件的三维应力状态，从公开的文献看，对干涉配合的三维研究目前还没有。本章在搭接件基本模型的基础上，对 3 个螺栓干涉量相同的含 120°沉孔搭接件进行三维有限元分析，研究干涉量对 LTR 的影响。

所得螺栓的 LTR 与干涉量的关系曲线如图 7-1-23(a)所示。可以看出，在一定载荷下，1#和 3#螺栓的 LTR 开始随干涉量的增加而增大，干涉量为 2%时，LTR 达到最大，其后又随干涉量的增加而减小，干涉量为 3%时，LTR 降到最小，然后又随干涉量的增加而变大。为更清楚地说明 LTR 与干涉量的关系，图 7-1-23(b)给出了 1#螺栓与干涉量的关系曲线，可以看出，对该搭接件来说，最佳干涉配合为 3%，相关文献对含 90°沉孔搭接件研究表明，最佳干涉配合为 2.7%，第 3 章对 SIF 的研究表明，最佳干涉配合约为 2.8%，可见为保证搭接件具有合理的 LTR，干涉配合应控制在一定的范围之内。

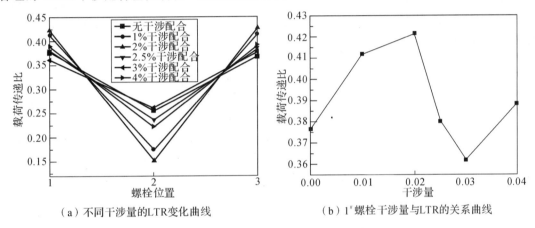

（a）不同干涉量的 LTR 变化曲线　　　　（b）1#螺栓干涉量与 LTR 的关系曲线

图 7-1-23　干涉配合对 LTR 的影响

2#螺栓相对另外两螺栓承载较小，为减轻 1#和 3#螺栓的负担，使三螺栓的承载基本相同，对只有 2#螺栓与孔间有干涉配合的情况进行分析，图 7-1-24 给出了三螺栓随干涉量的变化曲线。可以看出，2#螺栓的 LTR 随干涉量的增加而增大，当干涉量为 1%时，三螺栓承载基本相同。

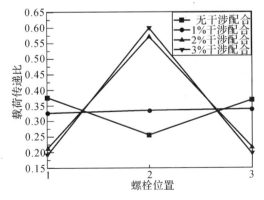

图 7-1-24　2#孔干涉配合对 LTR 的影响

(4)螺栓预紧力对 LTR 的影响。螺栓的预紧力会使上、下板间产生摩擦力,可降低螺栓的传递载荷。给出了三种预紧力情况下螺栓 LTR 和摩擦力所占远端应力的比例见表 7-1-5,可以看出,在一定载荷下,摩擦力随预紧力的增大而增大,因此应认真控制螺栓的预紧力,以获得好的疲劳性能,不过 2# 螺栓的 LTR 下降不如两端的螺栓明显。

表 7-1-5 螺栓预紧力对 LTR 的影响

预紧力/N	螺栓 LTR/N			摩擦力/(N)
	1	2	3	
0	37.67	25.5	36.83	0
10	35.95	26.68	34.67	2.8
100	33.06	24.04	31.67	11.33

(5)孔径对 LTR 的影响。为研究螺栓直径对 LTR 的影响,模型其他参数不变,图 7-1-25 给出了三类直径下螺栓的 LTR,可以看出,1# 和 3# 螺栓的 LTR 随螺栓直径的增大而增大,而 2# 螺栓则恰恰相反,从而使搭接件传递的载荷更不均匀。因此,在满足螺栓强度要求的情况下,应首选直径小的螺栓。

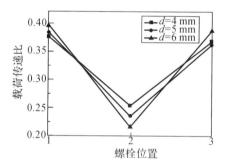

图 7-1-25 孔径对 LTR 的影响

(6)孔间距对 LTR 的影响。图 7-1-26 给出了三种孔间距情况下的 LTR,可以看出,随孔间距的增加,三个螺栓 LTR 有趋向相等的趋势,所以增大孔间距可改善搭接件的载荷传递。

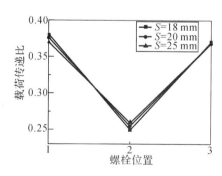

图 7-1-26 孔径距对 LTR 的影响

3.含裂纹搭接件载荷传递比的对比

对于含裂纹搭接结构,靠近裂纹孔的应变片用宽度为 6 mm 的条带应变片,应变片布置见

图 7-1-19。本章对 $1^\#$ 孔含孔边单裂纹的直孔搭接件进行了应变测量,试件为 3 个,每个试件测量 5 个不同裂纹长度下的应变值,然后根据式(7-1-2)和式(7-1-3)计算得到每个螺栓的 LTR,如图 4-27 所示。

搭接件在疲劳过程中,由于第二弯矩的影响,裂纹呈半穿透形,如半椭圆形,为建模方便,同时为与二维模型进行对比,三维计算时,孔为直孔形式,裂纹取穿透直裂纹。不断改变裂纹的长度,计算各螺栓的传递载荷。有限元得到的裂纹长度与 LTR 的关系曲线也在图 7-1-27 中给出。

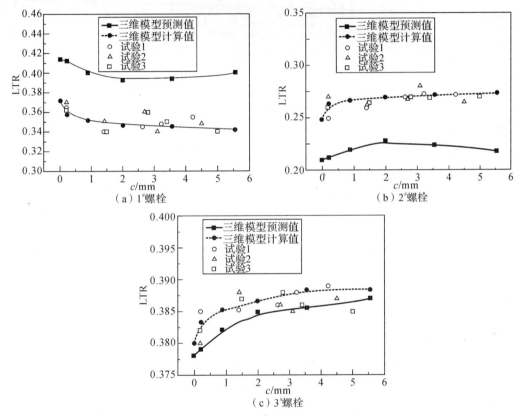

图 7-1-27　单裂纹时各螺栓 LTR 试验值和预测值和裂纹长度的关系

可以看出:三维模型的计算值与试验值比较接近,说明该模型具有较高的精度;二维模型的误差可能是由于对螺栓的简化引起的,对 $1^\#$ 螺栓来说,LTR 平均值比试验值平均值大17%,不过对于 $3^\#$ 螺栓,二维模型计算值与试验值相对比较接近,为此用二维模型进行分析时,可根据 $1^\#$ 和 $3^\#$ 螺栓的对称性,取 $1^\#$ 螺栓的 LTR 等于 $3^\#$ 螺栓的有限元计算值,然后在此基础上对 $2^\#$ 螺栓的 LTR 进行修正。从图 7-1-27 中还可以看出,随裂纹的扩展,$1^\#$ 螺栓的LTR 在开始阶段下降很快,而 $2^\#$ 和 $3^\#$ 螺栓的 LTR 快速增大,不过 $2^\#$ 螺栓的 LTR 增加幅度远大于 $3^\#$ 螺栓,说明 $1^\#$ 螺栓减小的载荷大部分都传递给了 $2^\#$ 螺栓,当裂纹长度扩展到2 mm后,所有 LTR 都逐步变得平缓。

以上对直孔边非对称裂纹进行了分析,下面用三维有限元模型分析直孔孔边对称裂纹和沉孔孔边裂纹对 LTR 的影响,图 7-1-28 给出了沉孔孔边为对称裂纹时的局部有限元模型。

计算结果如图 7-1-29 所示。

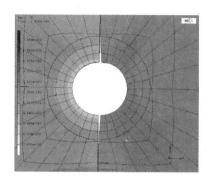

图 7-1-28 沉孔对称裂纹局部有限元模型

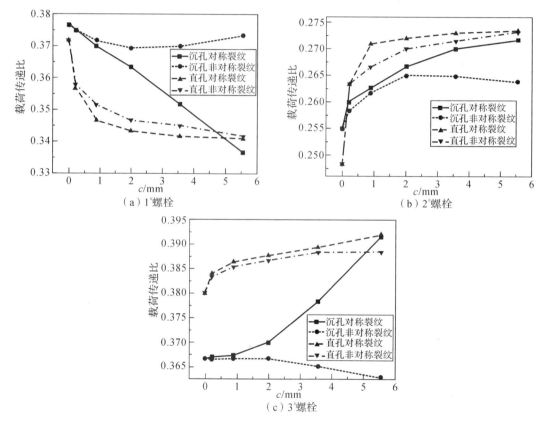

（a）1#螺栓

（b）2#螺栓

（c）3#螺栓

图 7-1-29 孔和裂纹模式对 LTR 的影响

从图 7-1-29 中可明显看出，紧固孔形式对 LTR 的影响比较大。在整个裂纹扩展过程中，沉孔情形时，1#螺栓的 LTR 普遍大于直孔时的 LTR，而 2#和 3#螺栓的 LTR 则恰恰相反；对直孔来说，LTR 对裂纹模式不敏感，但紧固孔为沉孔时，两种裂纹模式下的 LTR 区别很大。随裂纹的扩展，沉孔对称裂纹时，1#螺栓的 LTR 呈线性下降趋势，而 2#和 3#螺栓的 LTR 都呈上升趋势，裂纹长度小于 1 mm 时，1#螺栓减小的载荷大部分传递给了 2#螺栓，3#螺栓承载基本不变，当裂纹长度大于 1 mm 时，3#螺栓则承担了大部分 1#螺栓减小的载荷；沉孔非对称裂纹时,1# 螺栓的 LTR 开始逐步下降,裂纹扩展到 2.2 mm 后,其 LTR 又呈上升趋势,2# 螺栓的趋势正好相反,3# 螺栓开始基本保持不变,后阶段有稍微下降,整个裂纹扩展过程中,1# 螺栓减小的载荷绝大部分传递给了 2# 螺栓。

7.2　飞机结构宽板搭接件承载性能

7.2.1　搭接件法向位移情况

从当量预腐蚀时间为 5 年、10 年、15 年、20 年和 30 年的模拟试验件中各选出 1 个,在完成疲劳试验后分别进行拆解,以观察其内表面腐蚀情况。同时选取一未腐蚀试验件进行拆解以用作对照,图 7-2-1 所示为未腐蚀试验件拆解前后的照片。

(a)拆解前

(b)拆解后

图 7-2-1　拆解前后的未腐蚀试验件

考虑搭接板远端载荷为 50 MPa、铆钉预紧力为 300 N、接触对摩擦因数为 0.4 的情况,搭接件上板示意图如图 7-2-2 所示,读取其中线 1～线 6 的法向位移 U_z 数据,来观察搭接板的变形情况。

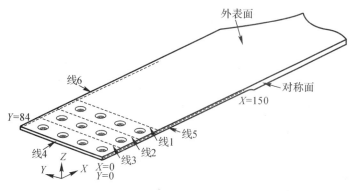

图 7-2-2　搭接件上板示意图

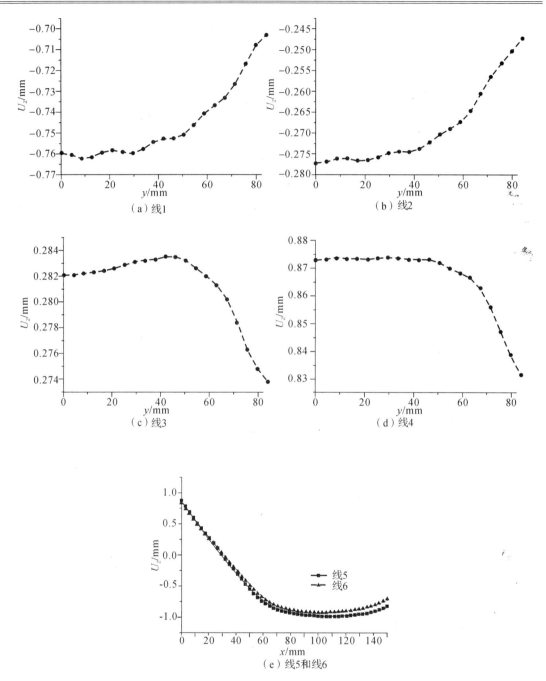

图 7 - 2 - 3　线 1～线 6 的法向位移分布曲线图

7.2.2　搭接件应力分析

使用有限元软件对搭接件表面及剖面的应力分布进行了分析,如图 7 - 2 - 4～图 7 - 2 - 10 所示。

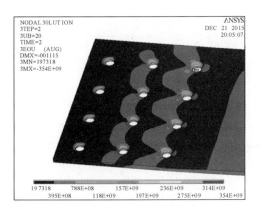

图 7-2-4 上板铆钉区域上表面等效应力云图

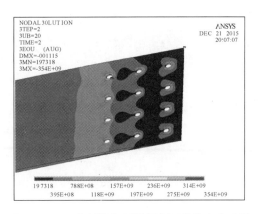

图 7-2-5 上板铆钉区域下表面等效应力云图

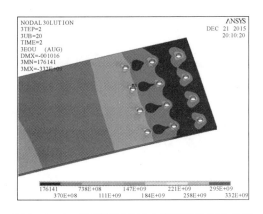

图 7-2-6 下板铆钉区域上表面等效应力云图

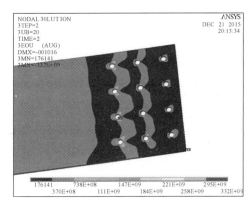

图 7-2-7 下板铆钉区域下表面等效应力云图

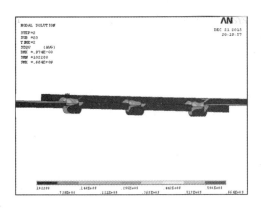

图 7-2-8 第 4 行铆钉区剖面应力图

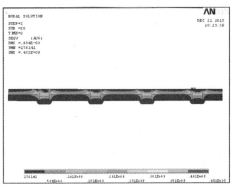

图 7-2-9 第 3 排铆钉区剖面应力图

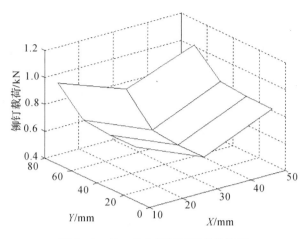

图 7 - 2 - 10　各个铆钉承受载荷情况

7.2.3　铆钉载荷传递比计算

1. 接触对不同摩擦因数对 LTR 的影响

在远端应力为 50MPa、铆钉预紧力为 500 N 的条件下,三排铆钉的载荷传递比 LTR 随接触对摩擦因数的变化趋势如图 7 - 2 - 11 所示。

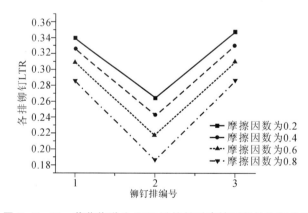

图 7 - 2 - 11　载荷传递比 LTR 随接触对摩擦因数的变化趋势

2. 不同铆钉预紧力对 LTR 的影响

在远端应力为 50 MPa、接触对摩擦因数为 0.4 的条件下,三排铆钉的载荷传递比 LTR 随铆钉预紧力的变化趋势如图 7 - 2 - 12 所示。

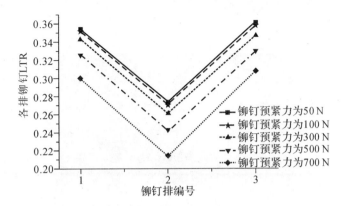

图 7 - 2 - 12　载荷传递比 LTR 随铆钉预紧力的变化趋势

7.3　剥蚀对含孔结构应力分布影响的有限元分析

7.3.1　EXCO 浸泡试验及疲劳试验

试件由厚度为 3.3 mm 的 LY12CZ 板材制成，$\mu = 0.33$，$K_{IC} = 36$ MPa·$m^{\frac{1}{2}}$，$K_C = 72.5$ MPa·$m^{\frac{1}{2}}$，表 7 - 3 - 1 给出了其化学成分和力学性能。试件几何尺寸见图 7 - 3 - 1。

表 7 - 3 - 1　LY12CZ 铝合金化学成分(质量分数，％)和力学性能

Cu	Mg	Mn	Fe	Si	Zn	Ti	Fi+Ni	Al	(极限)屈服强度/MPa	极限拉伸强度/MPa	延伸率/(％)	弹性模量/MPa
4.50	1.42	0.74	0.50	0.19	0.30	0.15	0.5	余量	322	443	11	69 580

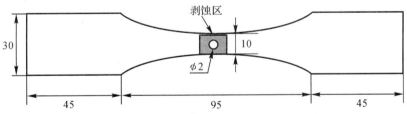

图 7 - 3 - 1　剥蚀试件尺寸及剥蚀区(单位:mm)

试验前用航空防水密封胶将试样除剥蚀区外的所有表面和侧面及孔内壁密封。剥蚀区用耐水砂纸由 $120^{\#} \rightarrow 280^{\#} \rightarrow 360^{\#} \rightarrow 600^{\#}$ 逐级打磨，然后按以下过程进行预处理:除油→封样→编号→除油→去离子水冲洗→干燥，然后放入干燥器皿备用。

浸泡实验参照《铝合金剥层腐蚀试验方法》(HB 5455—1990)进行,浸泡周期为 24 h、48 h、72 h、120 h、168 h、240 h。

为了与实际紧固孔结构腐蚀情形相似,选择那些只在孔周围腐蚀较严重的试件(见图 7 - 3 - 2)在 Material Test System 810 电液伺服疲劳试验机上进行等幅试验,应力比 $R = 0.06$,

最大孔边名义应力为 235 MPa。控制软件为美国 MTS 公司提供的 Basic TestWare 软件,加载波形为 Sine 波,波形采用 PVC 补偿,试验机动载荷精度为 ±2%,静载荷精度为 ±1%。

图 7 - 3 - 2　某试件孔边腐蚀外貌

试件失效后,通过电镜测得最大腐蚀深度作为剥蚀深度。为了对比,对未腐蚀试件也做了试验,疲劳寿命与腐蚀试件结果一并见表 7 - 3 - 2,剥蚀程度为最大腐蚀深度与原试件厚度比,图 7 - 3 - 3 给出了 C - 5 和 C - 26 号试件断面图。

表 7 - 3 - 2　试件疲劳寿命试验值及剥蚀水平

未腐蚀试件		腐蚀试件		
试件编号	疲劳寿命/循环	试件编号	疲劳寿命/循环	剥蚀程度/(%)
NO. 1	11 853	C - 1	5 793	4.9
		C - 4	9 205	—
NO. 2	11 554	C - 5	7 933	5.4
		C - 8	8 977	—
NO. 3	9 231	C - 16	6 574	6.3
		C - 20	5 311	7.8
NO. 18	8 733	C - 22	5 778	8.1
		C - 25	6 789	10.5
NO. 38	9 799	C - 26	4 574	14.2
均值	10 234	均值	6 770	8.33

7.3.2　有限元分析

由表 7 - 3 - 2 可以看出,剥蚀使疲劳寿命下降,但其与剥蚀程度并不成正比,这可能是因为对含孔结构来说,其寿命还受腐蚀位置和腐蚀区形状的影响,下面借助非线性有限元软件 MSC. Marc 分析剥蚀对含孔结构应力分布的影响。

运用 MSC. Marc 中的单元"软化"技术来模拟铝合金试件剥蚀对应力分布影响的情况,为此首先做如下假设:

(1)"软化"单元模拟的剥蚀区的刚度下降,但仍有一定的承载能力;

(2)"软化"单元的材料特性是等向同性;

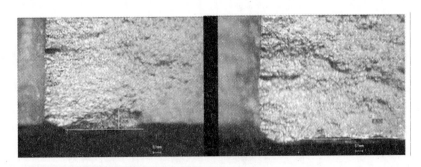

图 7 - 3 - 3　剥蚀试件断面微观图像及剥蚀区尺寸

（3）"软化"单元的深度是一样的，取剥蚀区的最大深度。

对试验件进行建模分析时，选用 20 节点六面体单元，尺寸等同于试件，弹性模量 $E=6.9\times10^4$ MPa，泊松比 $\nu=0.33$。由于试件是开放的，腐蚀产物不会产生枕垫效应，加载时只考虑远端载荷作用，图 7 - 3 - 4 所示为试验件的有限元模型。模型中"软化"单元的深度、分布面积、位置随试件的不同而变化。

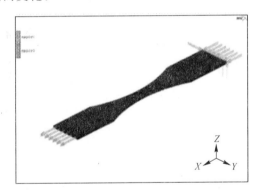

图 7 - 3 - 4　试验件的有限元模型

图 7 - 3 - 5 给出了三试验件的局部有限元模型，图中的腐蚀区域是根据实际腐蚀区形状确定的，深度等于通过断面测量得到的腐蚀区的最大深度。由于腐蚀的影响，局部应力往往大于屈服应力而产生塑性变形，在进行有限元分析时应采取弹塑性分析，所用的塑性应力应变曲线如图 7 - 3 - 6 所示。以 C - 20 试件的腐蚀外貌及位置为参考，图 7 - 3 - 7 给出了腐蚀程度为 10%、34% 两种情形下的弹性解与弹塑性解随腐蚀区弹性模量变化的曲线，发现弹性解大于弹塑性解，局部应力越大，二者差距越大，这主要取决于孔边屈服的程度。不过在腐蚀深度较小，二者差距不大，可以用弹性解代替弹塑性解，但可能过于保守。为此下面分析时都采用弹塑性分析。

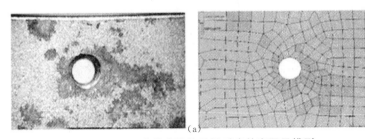

(a)

图 7 - 3 - 5　试件腐蚀外貌及对应的有限元模型

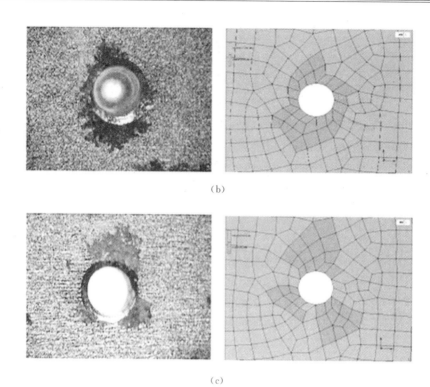

(b)

(c)

续图 7 - 3 - 5 试件腐蚀外貌及对应的有限元模型

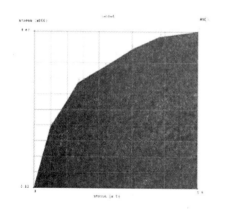

图 7 - 3 - 6 LY12CZ 塑性应力应变曲线

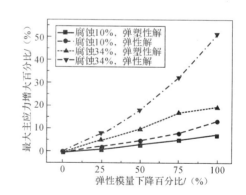

图 7 - 3 - 7 弹塑性解随腐蚀区弹性模量变化趋势

为验证模型的有效性,图 7 - 3 - 8 给出了 C - 26 试件的断口图像和有限元结果,有限元分析表明,裂纹约位于点 1 和点 5 位置,这与试件的实际断裂情形十分接近。其他试件的有限元分析也表明裂纹萌生位置与实际试件试验结果相近。

由试验结果知剥蚀水平不是影响寿命的关键因素,以图 7 - 3 - 5 中 3 种腐蚀形貌为例,取相同腐蚀深度来分析腐蚀形貌的影响。图 7 - 3 - 9 所示为三种腐蚀情形下在腐蚀厚度同为 2 mm 时最大主应力增大百分比与弹性模量的关系曲线,可以看出,最大主应力不但与腐蚀深度有关,还与腐蚀形貌和位置有关,即结构应力集中部位与腐蚀部位的一致性是影响寿命的决定性因素,所以在分析剥蚀对结构的完整性影响时,腐蚀深度和形貌都应该考虑。

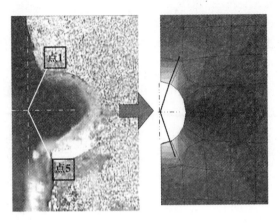

图 7 - 3 - 8　C - 26 号试件实际断口与有限元分析结果

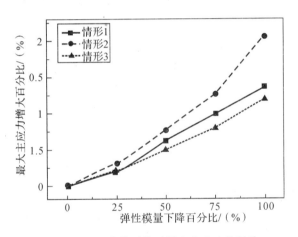

图 7 - 3 - 9　腐蚀形貌对最大主应力的影响

7.4　小　　结

对于三螺栓单搭接件而言,由于第二弯矩的影响,受拉时会发生弯曲变形;在大载荷下,紧固孔为直孔时,会发生明显的扭转,但沉孔时的扭转相对较小。三螺栓单搭接件和宽板搭接件在受拉时,还会发生"鞍马"现象,这种现象往往被称之为"第三弯矩"。在一定条件下,采用直孔形式、增大孔间距和螺栓预紧力、减小孔直径、螺栓与孔壁适当的干涉配合都可以改善搭接件的力学特性。剥蚀对含孔结构应力分布的影响,不但与腐蚀深度有关,还与腐蚀形貌和位置有关。

参 考 文 献

［1］何宇廷,富贵华. 飞机连接加强件疲劳特性分析［J］. 机械科学与技术,2001,20(2):231 - 233.

［2］何宇廷,富贵华,吴显吉,等. 载荷偏心对连接件疲劳性能的影响分析［J］. 应用力学学报, 2002,19(2):125 - 129.

［3］CAMANHO P P,MATTHEWS F L. A progressive damage model for mechanically fastened joins in composite laminates［J］. J Composite Mater,1999,33(24):2248 - 2280 .

［4］CAMANHO P. P,MATTHEWS F L. Delamination onset prediction in mechanically fastened joins in composite laminates［J］. J Composite Mater,1999,33(10):906 - 927.

［5］MCCARTHY M A,MCCARTHY C T. Finite element analysis of the effects of clearance on single shear, composite golted joints［J］. J Plastic, Rubbers Composites,2003,32(2):6 - 70.

［6］陈火红,祁鹏. MSC.Patran/Marc 培训教程和实例［M］. 北京:科学出版社,2004.

［7］濮良贵,纪名刚. 机械设计［M］. 北京:高等教育出版社,2000.

［8］郭玉瑛. 飞机设计手册 第 3 册:材料［M］. 北京:航空工业出版社,1997.

［9］胡建军. 腐蚀及多处损伤(MSD)对飞机结构疲劳强度的影响研究［D］. 烟台:海军航空工程学院,2014.

第8章 飞机搭接结构应力强度因子计算

对含 MSD 搭接结构来说,由于铆钉与孔的干涉配合、MSD 裂纹间的相互干涉,特别是铆钉力随裂纹长度变化等因素的影响,目前很难得到应力强度因子的精确解。特别是腐蚀损伤引起的结构表面腐蚀坑、材料变薄、枕垫效应等都会改变结构的局部应力和力的传递路线及结构承载方式,接触部位的微动进一步使问题复杂化。对加筋板和搭接件建立详细的有限元模型,是精确计算其应力强度因子的基础。但对有许多铆钉的飞机加筋板和搭接件来说,对每个铆钉建立详细的有限元模型会大大增加数值模型的自由度,而对铆钉用简单的弹簧元表示是减少模型自由度的有效方法。本章分别构建含裂纹搭接结构的二维和三维有限元分析模型,通过分析得到不同损伤模式下的不同影响因素对应力强度因子的影响规律。

8.1 含裂纹加筋平板结构应力强度因子计算

8.1.1 单加筋平板结构

1. 结构模型

为了判定模型的细化程度对铆钉力、相对铆钉位移和应力强度因子的影响,对铆钉用详细杆元和简单的弹簧元不同的组合方式来分析含 4 个铆钉的单加筋平板。平板和筋条材料均为 LY12CZ 包铝合金板,铆钉孔直径 $D=6.35$ mm,铆钉材料为 LY10 铝合金,孔中心距 $S=25.4$ mm,仅受远场均匀载荷作用,$\sigma=69$MPa,平板中心有一长为 $2a$ 的裂纹,具体结构尺寸如图 8-1-1 所示。

2. 有限元模型与网格的划分

有限元法是目前计算 MSD 裂纹应力强度因子最有效的方法之一,过去主要借助于 ANSYS、ABAQUS、NASTRAN 等大型有限元软件进行分析计算。这些软件计算过程比较烦琐,且难以实现裂纹扩展,为此 NASA 资助开发了 FRANC2D/L 断裂分析软件,并成功地应用于 KC-135 飞机的 MSD 评估中。相对以上有限元软件,FRANC2D/L 建

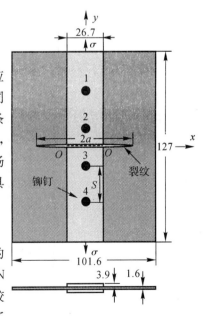

图 8-1-1 含中心裂纹单加
筋板几何尺寸
（单位:mm）

模、网格划分和计算过程都简单得多,且精度较高,具有应力分析、应力强度因子计算、裂纹周围网格自动细化、裂纹自动扩展等功能。本章采用 FRANC2D/L 软件对 MSD 裂纹应力强度因子进行计算。在 FRANC2D/L 中,层状结构单元(如蒙皮、加筋条等)用分离的模型模拟,每层有其自己的有限元网格。对层状结构中的铆钉,FRANC2D/L 可用详细的杆元或简单的弹簧元表示。杆元模型用二维有限元单元来反映铆钉的特性,用非线性接触单元描述铆钉与钉孔的交界面,黏性单元来提供层状结构连接部位的剪应力和钉载。铆钉的简化模型用连接重叠部位每层节点的弹簧元表示。图 8－1－2 给出了图 8－1－1 中筋条的局部结构及其铆钉不同组合形式的有限元模型。

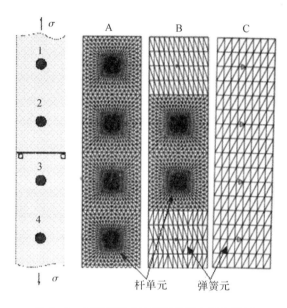

图 8－1－2 不同形式的筋条局部有限元模型

3. 材料属性

计算时取 LY12CZ 合金 $L-T$ 方向的材料特性,材料参数见第 7 章。

为保证简化的弹簧元传递的载荷和层间相对位移与简化前相同,用式(8－1－1)～式(8－1－4)来计算钉元的材料参量。

$$E_{\mathrm{F}} = \frac{8Eh}{\pi d}\left[(1+v)+\frac{8}{3}\left(\frac{h}{d}\right)^2\right]\left[B+C\left(\frac{d}{t_1}+\frac{d}{t_2}\right)\right]^{-1} \qquad (8-1-1)$$

$$G_{\mathrm{F}} = \frac{E_{\mathrm{F}}}{2\cdot(1+v)} \qquad (8-1-2)$$

$$k_{\mathrm{s}} = \frac{\pi d^2 G_{\mathrm{F}}}{4h} \qquad (8-1-3)$$

$$k_{\mathrm{b}} = \frac{3\pi d^4 E_{\mathrm{F}}}{64h^3} \qquad (8-1-4)$$

式中:E 是平板弹性模量;v 是泊松比;h 是载荷偏移度;d 是铆钉直径;t_1 和 t_2 分别是平板和筋条厚度;E_{F} 是铆钉弹性模量;G_{F} 是剪切模量;k_{s} 和 k_{b} 分别是弹簧元的剪切柔度和弯曲柔度;B 和 C 是试验常数。

本章分析三种铆钉材料和三类直径对应力强度因子的影响,不同铆钉材料和直径时的材料属性见表 8 - 1 - 1。

表 8 - 1 - 1　铆钉的材料参数

铆钉(直径-材料)	$E_F/(MPa \cdot m^{\frac{1}{2}})$	$G_F/(MPa \cdot m^{\frac{1}{2}})$	$k_s/(N \cdot m^{-1})$	$k_b/(N \cdot m^{-1})$
4 mm -铝	2.38×10^7	8.96×10^6	1.49×10^8	5.31×10^7
4 mm -钢	1.16×10^8	4.48×10^7	7.47×10^8	2.57×10^8
4 mm -钛合金	4.55×10^7	1.67×10^7	2.78×10^8	1.01×10^8
5 mm -铝	1.24×10^7	4.67×10^6	1.25×10^8	7.19×10^7
5 mm -钢	5.62×10^7	2.18×10^7	5.84×10^8	3.25×10^8
5 mm -钛合金	2.34×10^7	8.62×10^6	2.31×10^8	1.35×10^8
6.35 mm -铝	7.00×10^6	2.63×10^6	1.10×10^8	9.89×10^7
6.35 mm -钢	2.96×10^7	1.15×10^7	4.82×10^8	4.19×10^8
6.35 mm -钛合金	1.23×10^7	4.59×10^6	1.92×10^8	1.74×10^8

4. 最佳组合的确定

首先对无裂纹模型进行应力分析,检查边界条件是否正确,然后再在平板中心沿 x 轴引入 $2a = 50$ mm 的裂纹。图 8 - 1 - 3 和图 8 - 1 - 4 分别给出了三种组合方式下铆钉 1 和铆钉 2 的相对位移和承受的载荷。由图 8 - 1 - 3 可看出,模型 A 和模型 B 计算的铆钉位移十分接近,误差小于 3.3%,用弹簧元计算的相对位移比用杆元计算的大,这主要是因为用弹簧元表示铆钉时,其传递的钉载是集中力的缘故。图 8 - 1 - 4 也表明模型 A 和模型 B 的结果相近,误差为 3.6%。但模型 C 与模型 A 的结果相差较大。正如预想的,接近裂纹的铆钉传递的载荷较大。这表明只要接近裂纹的铆钉用详细杆元表示,就可以保持铆接结构的固有特性。但模型 B 相对模型 A,自由度却下降了 48%。

为说明组合方式对平板中裂纹应力强度因子的影响,在平板中心沿 x 轴引入初始长度 $2a = 2.36$ mm 的裂纹,用 FRANC2D/L 的裂纹扩展功能计算不同裂纹长度下的应力强度因子。图 8 - 1 - 5 给出了裂纹应力强度因子随裂纹长度变化曲线,可见在计算铆接加筋结构应力强度因子时,模型 B 可完全代替模型 A,而模型 C 的误差较大。

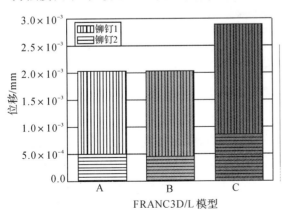

图 8 - 1 - 3　不同模型下的相对铆钉位移

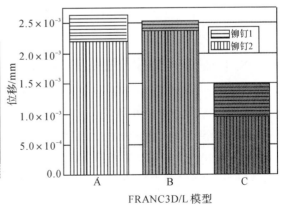

图 8 - 1 - 4　不同模型下的铆钉力

综上所述,在对铆接加筋平板建模时,只要对接近裂纹或其他需要分析精确局部应力部位的铆钉建立详细的模型,就可模拟铆接加筋结构的固有特性。

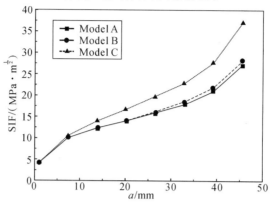

图 8-1-5　不同模型对 SIF 的影响

相关文献按以上方法对 3 铆钉单搭接件分 3 种组合形式分析了铆钉位移、铆钉力及应力强度因子(见图 8-1-6),得到相同的结论,即适当简化模型对搭接件中的铆钉力、铆钉位移和应力强度因子影响不大。

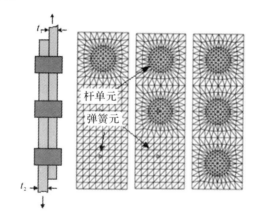

图 8-1-6　不同铆钉模式的搭接件有限元模型

8.1.2　含 MSD 双筋条加筋板

1. 研究对象与有限元模型

根据模型 B 的建模原则,对含主裂纹和 MSD 裂纹的双筋条加筋板的应力强度因子进行分析(见图 8-1-7)。平板和筋条材料均为 LY12CZ 铝合金,筋条对称分布于平板两侧,每个筋条用 35 个铆钉与平板连接,平板和筋条的厚度分别为 1.6 mm 和 3.9 mm,铆钉孔直径、铆钉材料、孔中心距和远场载荷都等同于图 8-1-1 中的单加筋板。MSD 裂纹位于钉孔孔边,主裂纹和 MSD 裂纹长度都从孔壁计起。

研究对象为平板中共线空孔孔边裂纹,损伤模式主要分为以下几种情形:

模型 1:只有中心孔存在边裂纹,本模型分为孔边单裂纹(模式 1)、双边等长裂纹(模式 2)和不等长裂纹(模式 3)。

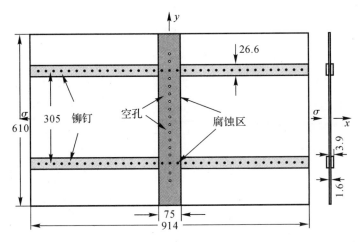

图 8 - 1 - 7　双筋条加筋板(单位:mm)

模型 2:每个孔双边均存在等长 MSD 裂纹(模式 4),对于远端作用有均匀应力的加筋板,在理想情况下各孔出现裂纹的概率相等,并且在疲劳载荷作用下各裂纹有非常类似的发展趋势,其潜在的危险性非常大。

模型 3:1 条主导裂纹前方各孔存在微小的 MSD 裂纹。考虑真实结构中总是存在载荷的差异以及各细节初始疲劳质量的差异,MSD 最先发生在某个局部区域并伴随少量的裂纹是最可能的情况。在其他区域存在明显的损伤之前,这些裂纹将发生连通,形成一条较大的主导裂纹,并与相继出现的邻近小裂纹一起构成广泛 MSD 损伤。本模型分为中间 9 个孔连通(模式5)和 11 个孔连通(模式 6)两种损伤模式。

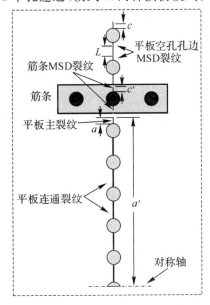

图 8 - 1 - 8　加筋板损伤模式示意图

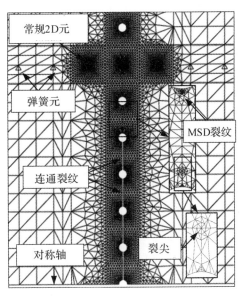

图 8 - 1 - 9　有限元模型及局部细化网格

模型4:筋条上孔边裂纹。通过对某退役飞机机翼的拆解和检查,发现筋条上位于平板裂纹面上的孔边出现 MSD 裂纹的概率很大。本模型主要研究筋条上平板裂纹面处孔边等长 MSD 裂纹对平板主裂纹的影响,如图 8-1-8 所示。其中 a 为平板主裂纹长度,c 为平板空孔孔边 MSD 裂纹长度,c' 为筋条上铆钉孔边 MSD 裂纹长度,L 为两裂纹裂尖距离。

为说明临近裂纹的干涉效应,研究对象还选择了模式 7,即中心孔存在双边裂纹,临近孔存在单边裂纹,且裂尖指向中心孔一侧,所有裂纹初始长度相同,其余孔不存在边裂纹。

用 FRANC2D/L 分析时,初始裂纹长度取 $a=c=0.05$ mm,扩展最快的裂纹步长取 0.5 mm,其余裂纹的扩展步长根据裂尖的应力强度因子自动进行计算,因而每条裂纹的扩展历程因其应力强度因子的不同而不同。

根据对称性,计算取结构的 1/2(中心孔边单裂纹时取整个结构),裂纹平面处附近 3 个铆钉用常规 2D 元表示,其余的用弹簧元表示,图 8-1-9 所示为中间 9 个孔贯通时的平板中心部分有限元模型及局部的细化网格。模型上边界是自由边,下边界是对称边界。

2. 算法的有效性

为了校验本章有限元模型及算法的有效性,对损伤模式 5 在不同主裂纹和 MSD 裂纹长度时的主裂纹应力强度因子进行计算,结果与相关文献的经典值一并列入表 8-1-2 中。可以看出计算结果与文献值相当吻合,说明对多铆钉多筋条加筋结构,用详细杆元和弹簧元的组合方式表示铆钉,在降低模型自由度的情况下仍能保持加筋结构的固有特性。

表 8-1-2 应力强度因子计算值与经典值对比

a/mm	c/mm	主裂纹应力强度因子/$(MPa \cdot m^{\frac{1}{2}})$	
		经典值	FRANC2D/L
13.97	1.27	47.25	47.09
11.43	1.27	44.87	44.57
8.89	1.27	43.72	43.38
3.81	3.81	44.38	43.28
2.54	2.54	41.39	41.45
1.27	1.27	38.63	38.54

3. 平板 MSD 裂纹对应力强度因子的影响

为了评估平板 MSD 裂纹对应力强度因子的影响,图 8-1-10 给出了模式 1~模式 4 的中心孔右侧裂纹应力强度因子与裂纹长度和孔径之比(a/R)的关系曲线。从图 8-1-10(a)中可以看出,相对于单裂纹,MSD 裂纹明显增大应力强度因子,随着裂纹的扩展,广泛分布的MSD 裂纹应力强度因子增加得比单裂纹更加剧烈,呈反 S 上翘趋势,这是由于中心孔裂纹与其临近裂纹干涉所致。图 8-1-10(a)中模式 2 和模式 3 的结果比较相近,表明模式 3 中孔边长裂纹的应力强度因子相对相反一侧短裂纹的长度不敏感,对于孔边长裂纹的应力强度因子,模式 2 是模式 3 的上限,为此在下面的计算中只考虑孔边等长 MSD 裂纹。

为进一步说明临近裂纹的干涉效应,图 8-1-10(b)给出模式 2 和模式 7 中心孔右侧裂纹

应力强度因子与 a/R 的关系曲线,可以看出,当 $a/R<0.96$ 时,曲线 a 和曲线 b 基本重合,此时模式 7 中两裂纹的距离 $L=0.23S$,说明当 $L>0.23S$ 时,可不用考虑临近裂纹对应力强度因子的影响。

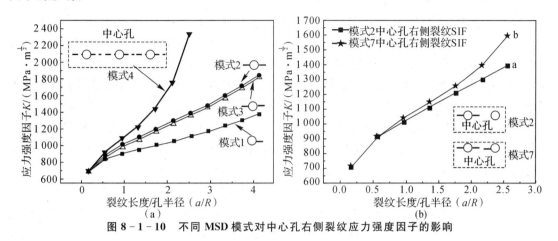

图 8-1-10　不同 MSD 模式对中心孔右侧裂纹应力强度因子的影响

4. 腐蚀对应力强度因子的影响

通过对退役飞机机翼的拆解发现,蒙皮内外表面和筋条局部部位都会出现不同程度的腐蚀,为分析腐蚀后平板和筋条局部厚度变化对应力强度因子的影响,计算图 8-1-7 中腐蚀区平板和筋条厚度分别均匀减少 2%、5% 和 10% 时模式 5 的主裂纹应力强度因子,图 8-1-11 给出不同腐蚀情况下的平板主裂纹应力强度因子-a/R 曲线。曲线表明,平板三种腐蚀情况下的应力强度因子平均值分别是无腐蚀时应力强度因子的 1.017 倍、1.042 和 1.08 倍,增加倍数略小于腐蚀前平板厚度与腐蚀后平板厚度的比值,这主要是因为,腐蚀区厚度减小增加了平板裂纹面的平均应力,同时一小部分增加的应力传到了筋条上。从图 8-1-11 中还可以看出,筋条局部厚度变化对平板主裂纹应力强度因子基本上没有影响,这是因为筋条厚度比平板厚度大得多。

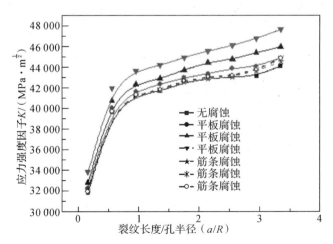

图 8-1-11　腐蚀损伤对平板主裂纹应力强度因子的影响

5.铆钉与孔间干涉配合对应力强度因子的影响

为研究铆钉干涉量对铆钉孔边裂纹和空孔孔边裂纹应力强度因子的影响,对模式6分三种情形进行分析,远场载荷为0和69 MPa。

情形1:只含主裂纹,无筋条裂纹,初始长度$a=0.5$ mm。图8-1-12(a)给出不同干涉量下空孔孔边裂纹应力强度因子幅($\Delta K=K_{max}-K_{min}$)与a/R的关系曲线。可以看出,对空孔孔边裂纹,在给定的循环应力幅下,在干涉量为2.5%时干涉配合会增加ΔK,特别是裂纹长度较长时;不过随着干涉量的增大,ΔK逐渐降低,但干涉量大到一定值时,应力强度因子对其不再敏感。

情形2:只含有平板MSD裂纹,初始长度$c=0.5$ mm。图8-1-12(b)是平板与筋条连接铆钉孔边右裂纹ΔK-a/R关系曲线,可以看出除较小MSD裂纹情况外,总的来说干涉配合会降低应力强度因子,当$a/R<0.96$时,应力强度因子降低幅度与干涉量成反比,而$a/R>0.96$时则相反,且干涉量大到一定值时,应力强度因子对其不再敏感。

情形3:只有筋条存在MSD裂纹,初始长度$c=0.5$ mm。图8-1-12(c)是筋条铆钉孔边右侧裂纹ΔK-a/R关系曲线,曲线表明在给定的循环应力幅下,ΔK随干涉量的增加而降低,但干涉量大到一定值时,应力强度因子对干涉量不再敏感。

对比三种情形可以发现,平板铆钉孔边裂纹对干涉配合最敏感,很小的干涉量就会明显降低应力强度因子,而平板空孔孔边裂纹则最不敏感,需较大的干涉量才能降低应力强度因子。

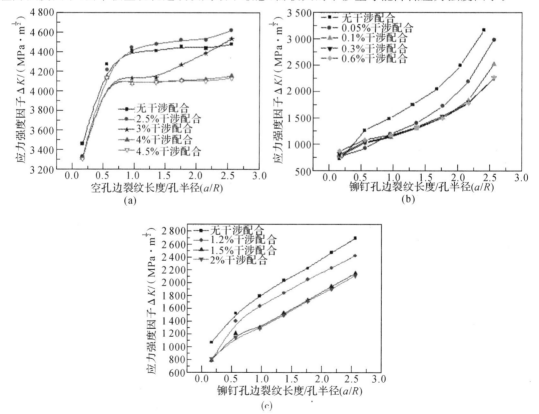

图8-1-12 干涉配合对主裂纹和MSD裂纹应力强度因子的影响

6. 铆钉材料和直径对应力强度因子的影响

为研究铆钉参数(见表 8-1-1)对应力强度因子的影响,计算三种铆钉材料(LY10 铝合金、TB2 钛合金和 ML18 钢)和三类直径(4 mm、5 mm 和 6.35 mm)对图 8-1-7 所示模式 6 下主裂纹应力强度因子的影响,其他参数不变。图 8-1-13 给出不同铆钉参数下主裂纹应力强度因子与 a/R 的关系曲线。可以看出,在铆钉直径一定时应力强度因子对材料参数不敏感;但应力强度因子随铆钉直径的增大而减小,裂纹长度一定时,铆钉直径增大 25% 时,应力强度因子最大可减小 6%。

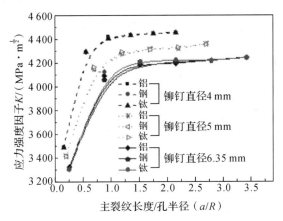

图 8-1-13　铆钉材料和直径对平板主裂纹应力强度因子的影响

7. 筋条刚度及其 MSD 对平板裂纹应力强度因子的影响

对加筋结构,筋条刚度(筋条面积与其材料弹性模量乘积)是影响平板裂纹应力强度因子的主要因素。图 8-1-14 给出模式 6 主裂纹长度 $a=100$ mm 时,三种筋条材料(LY12CZ、TB2 钛合金和 ML18 钢)和面积(通过改变筋条厚度实现,100 mm²、200 mm² 和 400 mm²)情形下,平板主裂纹应力强度因子与 c/R 的关系曲线。可以看出,提高筋条刚度可明显降低应力强度因子,且这种趋势随 MSD 裂纹增加而加大;平板 MSD 裂纹会增加平板主裂纹应力强度因子,如 MSD 裂纹长度 $c=1.27$ mm 时,相对于无 MSD,根据筋条刚度不同,主裂纹应力强度因子增加 10%~25%,不过增加值与筋条刚度成反比,相关文献对加筋板的试验得出了同样的结论。

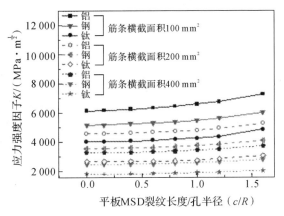

图 8-1-14　不同筋条尺寸和材料下 MSD 裂纹对平板主裂纹应力强度因子的影响

筋条铆钉孔边出现 MSD 裂纹时会降低筋条的刚度,为分析筋条 MSD 裂纹对平板主裂纹应力强度因子的影响,计算模式 6 在 $a=10$ mm、$c=2.5$ mm 固定时,筋条材料为 LY12CZ 和三种筋条面积情形下不同筋条 MSD 裂纹长度时的主裂纹应力强度因子,图 8-1-15 给出二者的关系曲线。可以看出,在筋条 MSD 裂纹长度一定时,增加筋条面积会明显降低平板主裂纹应力强度因子,但其应力强度因子对筋条 MSD 裂纹长度不敏感,特别是筋条面积较大,不过一旦筋条完全断裂,应力强度因子会急剧增加,且增加量与筋条面积成正比,这是因为筋条上的载荷在裂纹面处完全传递给了平板。

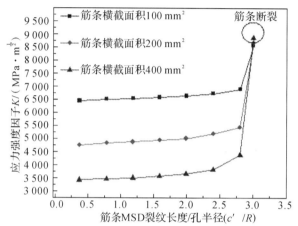

图 8-1-15　筋条 MSD 裂纹对平板主裂纹应力强度因子的影响

8.2　含裂纹搭接结构应力强度因子计算

8.2.1 二维有限元分析

1. 结构模型

结构模型选择三排铆钉的搭接件,每排 23 个铆钉。蒙皮材料为厚 1.4 mm 的 LY12CZ 铝合金,钉孔直径 $D=2R=5$ mm,铆钉材料为 LY10 铝合金,孔中心距 S 和行间距均为 25.4 mm,仅受远场均匀载荷作用,$\sigma=69$ MPa,具体结构尺寸如图 8-2-1 所示。

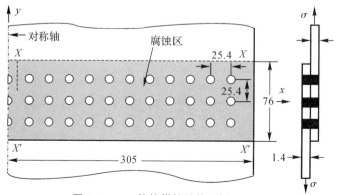

图 8-2-1　铆接搭接结构(单位:mm)

研究对象为外蒙皮上排铆钉孔边径向裂纹。损伤模式主要分为以下几种情形：

模型一：只有中心孔存在边裂纹。本模型分为孔边单裂纹（模式 1）、双边等长裂纹（模式 2）和不等长裂纹（模式 3）。

模型二：每个孔双边均存在等长 MSD 裂纹（模式 4）。

模型三：1 条主导裂纹前方各孔存在微小的 MSD 裂纹。本模型分为中间 5 个孔连通（模式 5）和 9 个孔连通（模式 6），其中模式 5 局部模型如图 8-2-2 所示。

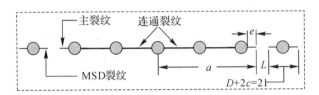

图 8-2-2　裂纹连通后的损伤模式

为说明临近裂纹的干涉效应，研究对象还选择了模式 7，即中心孔存在双边裂纹，临近孔存在单边裂纹，且裂尖指向中心孔一侧，所有裂纹初始长度相同，其余孔不存在边裂纹。

2. 有限元模型与网格划分

根据前述网格划分方法及建模原则，计算取结构的 1/2（中心孔边单裂纹时取整个结构），最上排铆钉用详细的杆元表示，其余的用弹簧元表示，图 8-2-3 所示为模式 5 中心部分有限元模型及局部细化网格。蒙皮材料特性和钉元属性完全同于 8.1.1 节。

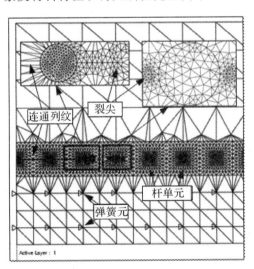

图 8-2-3　有限元模型及局部细化网格

3. 计算结果与分析

对无裂纹模型的应力分析表明上、中、下三排铆钉所受的平均应力分别为 25 MPa、20 MPa 和 24 MPa，与相关文献的试验所给三排铆钉所受钉载比例 7∶6∶7 的结论十分吻合。这说明，对多铆钉搭接结构，用详细杆元和弹簧元的组合方式来表示铆钉，在降低模型自由度的情况下，仍能保持搭接结构的固有特性。

（1）MSD 裂纹对应力强度因子的影响。为了评估 MSD 裂纹对应力强度因子的影响，图 8－2－4 给出了模式 1～模式 4 的中心孔右侧裂纹应力强度因子与裂纹长度和孔径之比（e/R）的关系曲线。从图 8－2－4（a）可以看出，相对于单裂纹，MSD 裂纹明显增大应力强度因子，随着裂纹的扩展，广泛分布的 MSD 裂纹应力强度因子增加得比单裂纹更加剧烈，呈反 S 上翘趋势，这是由于中心孔裂纹与其临近裂纹干涉所致。为进一步说明临近裂纹的干涉效应，图 8－2－4（b）给出了模式 2 和模式 7 中心孔右侧裂纹应力强度因子与 e/R 的关系曲线，可以看出，当 $e/R<1.8$ 时，曲线 a 和曲线 b 基本重合，此时模式 7 中两裂尖的距离 $L=0.48S$，说明当 $L>0.48S$ 时，可不用考虑临近裂纹对应力强度因子的影响。

图 8－2－4（a）中模式 2 和模式 3 的结果比较相近，表明模式 3 中孔边长裂纹的应力强度因子相对另一侧短裂纹的长度不敏感，对于孔边长裂纹的应力强度因子来说，模式 2 是模式 3 的上限，为此在下面的计算中只考虑孔边等长裂纹。

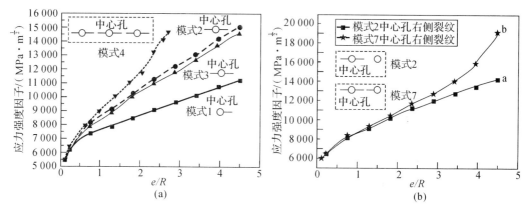

图 8－2－4 不同 MSD 模式对应力强度因子的影响

（2）腐蚀对应力强度因子的影响。为分析腐蚀后搭接件厚度变化对应力强度因子的影响，计算了图 8－2－1 中腐蚀区厚度分别均匀减少 2％、5％、8％和 10％时模式 2 的主裂纹应力强度因子，图 8－2－5 给出了不同腐蚀情况下的应力强度因子-（e/R）曲线。图中曲线表明，四种腐蚀情况下的应力强度因子分别是无腐蚀时应力强度因子的 1.024 倍、1.053 倍、1.078 倍和 1.11 倍，这主要是因为腐蚀区厚度减小增加了平均应力，应力强度因子增加倍数基本上等于平板无腐蚀厚度与腐蚀后厚度的比值。

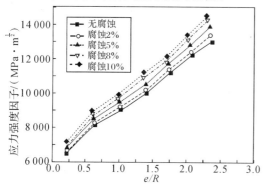

图 8－2－5 腐蚀损伤对应力强度因子的影响

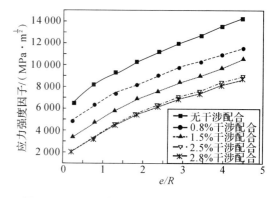

图 8－2－6 干涉配合对应力强度因子的影响

（3）铆钉与孔间干涉配合对应力强度因子的影响。为研究干涉量对应力强度因子的影响，对模式 2 孔边裂纹的应力强度因子进行分析，干涉量分别为 0、0.8%、1.5%、2.5% 和 2.8%，远场载荷为 0 和 69MPa。图 8-2-6 给出了不同干涉量下的应力强度因子幅（$\Delta K = K_{max} - K_{min}$）与 e/R 的关系曲线。可以看出，在给定的循环应力幅下，ΔK 随干涉量的增加而降低，但干涉量大到一定值时，应力强度因子对其不再敏感。

（4）铆钉材料和直径对应力强度因子的影响。为研究铆钉参数（见表 8-1-1）对应力强度因子的影响，计算了三种铆钉材料（LC4 铝合金、TB2 钛合金和 ML18 钢）和三类直径（4 mm、5 mm 和 6 mm）对图 8-2-1 所示模式 2 下裂纹应力强度因子的影响，其他参数不变。图 8-2-7 给出了不同材料参数下主裂纹应力强度因子与 e/R 的关系曲线。可以看出，在铆钉直径一定时，应力强度因子对材料参数不敏感，但应力强度因子随铆钉直径的增大而增大，裂纹长度一定时，铆钉直径增大 25%，应力强度因子约增加 6%。

（5）反平面翘曲对应力强度因子的影响。对模式 6 的应力分析表明，当 $e=5$ mm 时，上蒙皮的 z 向位移约为板厚的 10%。为约束发生反平面翘曲，对图 8-2-1 中的 $x-x$ 和 $x'-x'$ 两边施加 $R_y=0$ 的约束。图 8-2-8 给出了反平面翘曲约束对模式 5 和模式 6 应力强度因子的影响曲线。可以看出，反平面翘曲约束对应力强度因子有很大的影响，相对于无反平面翘曲约束，应力强度因子下降一个数量级。

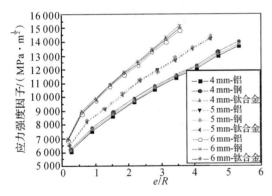

图 8-2-7　铆钉材料和直径对应力强度因子的影响

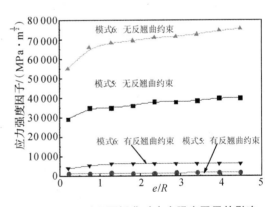

图 8-2-8　反平面翘曲对应力强度因子的影响

8.2.3　三维有限元分析

螺接件的三维建模和计算比较耗时，但随着计算机和软件的发展，对螺接件进行三维有限元分析已变得相对容易，这样的分析也开始在公开文献中出现。如用简化的方式来模拟铆钉（螺栓）的作用，对孔边节点的径向位移进行约束。后来有人对螺栓与孔间接触建立了详细的模型，其中有人把螺栓看成固定的圆柱形接触面，另外有人把螺栓看成弹性体并用三维有限元模型进行模拟，但是没有考虑铆钉（螺栓）与孔壁间的非线性接触及摩擦，特别是两板间的接触与摩擦。本节用非线性有限元软件 MSC.Marc 对含裂纹三螺栓单螺接件应力强度因子进行三维有限元分析。分析时考虑板与板（螺栓）间摩擦力、螺栓预紧力、材料非线性等因素的影响，并与二维有限元模型进行对比，以得到此类结构疲劳行为的统计数据。

1. 结构模型

结构模型为厚度 2 mm 的 LY12CZ 铝合金板制作的三螺栓单搭接件,试验件沿 L−T 方向取材,其化学成分与力学性能见第 7 章。螺栓孔分为直孔和沉孔,螺栓孔直径 $D=2R=5$ mm,孔中心距 S 为 25.4 mm,螺栓材料为 LY10 铝合金,螺栓与孔间无干涉配合,仅受远场均匀载荷作用,$\sigma=69$ MPa,试件装配时,每个螺栓螺帽上施加 0.5 N·m 的扭矩,具体结构尺寸如图 7−1−1 所示。

研究对象为上板 1# 孔边垂直于载荷方向的径向裂纹。损伤模式主要分为以下几种情形:

模型一:直孔孔边单裂纹;

模型二:直孔孔边对称双裂纹;

模型三:沉孔孔边单裂纹;

模型四:沉孔孔边对称双裂纹。

2. 计算结果与分析

所建有限元模型的网格划分、接触描述、边界条件等,如图 7−1−2～图 7−1−5 所示。三维计算时,采用 MSC.Marc 中的三维虚拟裂纹闭合技术和应变能释放率来计算应力强度因子[见下式(8−2−1)]。这种方法不用在裂纹前沿设置奇异单元,可大大减小建模时间,图 8−2−9 给出了沉孔对称裂纹时的变形图,则有

$$K_{\text{I}} = \sqrt{\frac{G_{\text{I}} \cdot E}{1-v^2}} \qquad K_{\text{II}} = \sqrt{\frac{G_{\text{II}} \cdot E}{1-v^2}} \qquad K_{\text{III}} = \sqrt{\frac{G_{\text{III}} \cdot E}{1+v}} \qquad (8-2-1)$$

式中:G 为应变能释放率;E 为弹性模量;v 为泊松比。

对搭接结构来说,孔边裂纹是复合型裂纹,其有效应力强度因子 K_{eff} 为

$$K_{\text{eff}} = \left(K_{\text{I}}^2 + K_{\text{II}}^2 + \frac{K_{\text{III}}^2}{1-v} \right)^{1/2} \qquad (8-7)$$

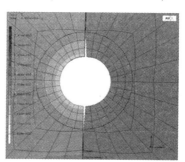

图 8−2−9　沉孔对称裂纹局部有限元模型

(1)三维模型应力强度因子计算结果。应力强度因子 $K_{\text{eff}}=F\sigma\sqrt{\pi a}$,为了分析方便,本书取 $\beta=F\sqrt{\pi a}$ 作为正则化应力强度因子。式中,σ 是远方应力,a 是裂纹长度(其长度自直孔孔壁计起),F 是裂纹形状参数。

图 8−2−10 给出了紧固孔为直孔时,对称裂纹和单裂纹沿板厚度方向 β 随裂纹长度变化曲线。

图 8−2−10 中曲线表明,在裂纹长度一定时,接触面上的应力强度因子大于外表面的应力强度因子,且二者的差别随裂纹长度的增加而增大,特别对于直孔单裂纹更是如此,从而会

导致接触面的裂纹扩展速度大于表面裂纹,这往往使搭接件的疲劳裂纹具有隐蔽性,用常规的探伤方法很难检测到,对飞机结构构成潜在的威胁。这种现象主要与第二弯矩的影响有关。从图中还可看出,裂纹长度相同时,对称裂纹的应力强度因子大于单裂纹的应力强度因子,裂纹越长,趋势越明显,对外表面裂纹更是如此,如裂纹长度为 5.56 mm 时,对称裂纹外表面和接触面的应力强度因子分别比单裂纹时的应力强度因子大 104% 和 29.3%,说明孔一侧裂纹会对另一侧裂纹产生严重的干涉,特别裂纹较长时,可见早期发现多裂纹具有重要的意义。

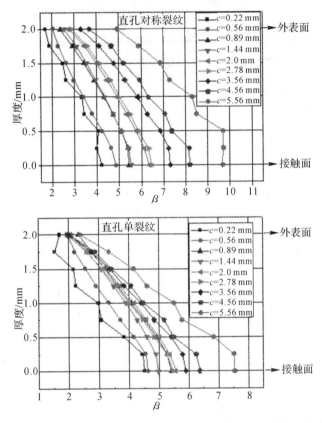

图 8 - 2 - 10　不同直孔孔边裂纹长度时 β 沿试件厚度方向的变化曲线

图 8 - 2 - 11 给出了紧固孔为沉孔时,对称裂纹和单裂纹沿板厚度方向的 β 随裂纹长度变化的曲线。可以看出,应力强度因子曲线总的趋势特点与直孔的应力强度因子相同,不过裂纹长度相同时,其接触面上的应力强度因子大于直孔情形时相应的应力强度因子,如裂纹长度为 5.56 mm 时,对称裂纹和单裂纹的应力强度因子分别比直孔时的应力强度因子大 46.59% 和 80.93%,而外表面的应力强度因子趋势则恰恰相反,这说明沉孔情形下的裂纹形状比会更大,使其更具有隐蔽性;在同样载荷下,含沉孔的搭接件寿命应小于含直孔的搭接件的寿命。

图 8 - 2 - 12 给出了直孔对称裂纹接触面和外表面的 K_{I} 和 K_{eff} 随裂纹长度的变化曲线,可以明显看出,虽然搭接件孔边裂纹是复合型裂纹,但 K_{I} 和 K_{II} 的贡献很小,可忽略不计,因此下面计算时都把裂纹作为 I 型裂纹处理。从图中还可以看出,曲线在裂纹较长时有快速上升的趋势,这主要是受板边缘及另一侧裂纹影响的缘故。

(2)含裂纹搭接件应力强度因子二维与三维模型计算对比。8.2.1 节基于 FRANC2D/L

对含裂纹搭接件应力强度因子进行了二维计算,下面基于两种建模方法分别计算了 $1^\#$ 孔孔边对称裂纹的应力强度因子,为简化计算和便于与二维模型的对比,三维分析裂纹取孔边穿透直裂纹。图 8-2-13 给出了沉孔情形下的裂纹位置示意图。

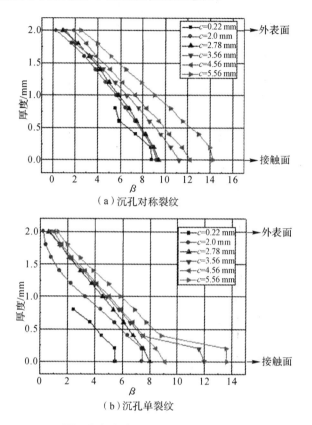

（a）沉孔对称裂纹

（b）沉孔单裂纹

图 8-2-11 不同沉孔孔边裂纹长度时 β 沿试件厚度方向的变化曲线

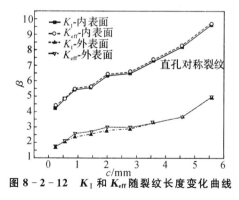

图 8-2-12 K_I 和 K_{eff} 随裂纹长度变化曲线

三维模型分直孔和沉孔两种情形,结果如图 8-2-14 所示。可以看出,二维计算值大于直孔时的三维模型计算值,稍小于沉孔时的接触面的三维计算值,但都远大于外表面的三维计算值,这主要是因为二维计算的 $1^\#$ 螺栓的 LTR 大于三维模型值,同时也说明应力强度因子不但与孔的受载大小有关,还与孔的形式有很大关系。当裂纹长度小于 4.5 mm 时,二维计算值比三维计算值小 38.6%,不过裂纹长度大于 4.5 mm 时,曲线 a 和曲线 e 基本重合,这可能是因为板的边缘效应和另一侧长裂纹的影响大于孔边载荷和第二弯矩对裂尖影响的缘故。

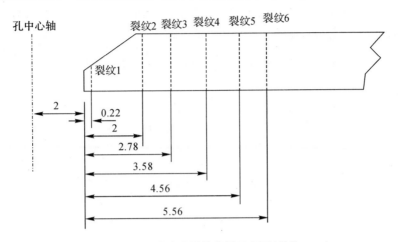

图 8 - 2 - 13　沉孔孔边裂纹位置示意图(单位:mm)

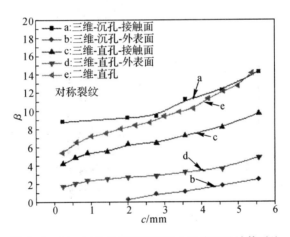

图 8 - 2 - 14　二维与三维模型应力强度因子计算对比

8.3　微动对搭接结构应力强度因子的影响

8.3.1　应力强度因子计算方法

对于微动疲劳来讲,应力强度因子常用的计算方法有 Hattori 模型法、权函数法和扩展有限元法(X-FEM)等。

1. Hattori 模型法

Hattori 模型是基于断裂力学的模型,对于微动状态能调整模型 I 应力强度因子 ΔK_{I},早期 Hattori 模型用 Rooke 和 Jones 法来调整应力强度因子 ΔK_{I},近几年来用有限边界或有限元法直接来计算 ΔK_{I}。Hattori 模型首先根据最大应力位置来确定裂纹,然后形成确定纹裂角,最后用有限元裂纹应力来计算 I 型强度因子。

Rooke 和 Jones 用断裂力学法解析解来研究法向和切向载荷施加点距离为 x、长度为 a 的裂纹的应力强度因子的影响,如图 8-3-1 所示,计算方程为

$$K_I(P) = \frac{P}{\sqrt{\pi a}}(1-\xi^2)(0.824+0.063\,7\xi-0.843\xi^2+15.41\xi^3-53.38\xi^4+59.74\xi^5-21.83\xi^6)$$

$$(8-3-1)$$

$$K_I(Q) = \frac{Q}{\sqrt{\pi a}}(1-\xi^2)(1.294\,3+0.004\,4\xi+0.128\xi^2+10.89\xi^3-22.14\xi^4+10.96\xi^5)$$

$$(8-3-2)$$

式中:

$$\xi = \frac{x}{x+a} \qquad (8-3-3)$$

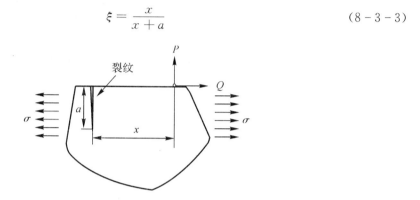

图 8-3-1　点加载 Rooke 和 Jones 应力强度因子计算

将上述方法扩展应用于由于两体接触引起的变载荷分布情况,裂纹离载荷施加点的距离同样为 x,如图 8-3-2 所示,计算方程为

$$K_I(P) = \int \frac{p}{\sqrt{\pi a}}(1-\xi^2)(0.824+0.063\,7\xi-0.843\xi^2+15.41\xi^3-53.38\xi^4+$$
$$59.74\xi^5-21.83\xi^6)\mathrm{d}x \qquad (8-3-4)$$

$$K_I(Q) = \int \frac{q}{\sqrt{\pi a}}(1-\xi^2)(1.294\,3+0.004\,4\xi+0.128\xi^2+10.89\xi^3-22.14\xi^4+$$
$$10.96\xi^5)\mathrm{d}x \qquad (8-3-5)$$

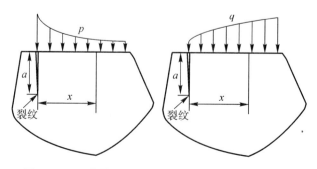

图 8-3-2　变载荷 Rooke 和 Jones 应力强度因子计算

在远场应力 σ 作用下,应力强度因子计算方程为

$$K_{\mathrm{I}}(\sigma) = 1.122\sigma\sqrt{\pi a} \tag{8-3-6}$$

因此,叠加式(8-3-4)~式(8-3-6)即可得考虑远场应力作用和微动作用的总的应力强度因子,来模拟构件微动疲劳,总应力强度因子为

$$K_{\mathrm{I}}(\mathrm{FRET}) = K_{\mathrm{I}}(\sigma,p,q) = K_{\mathrm{I}}(p) + K_{\mathrm{I}}(q) + K_{\mathrm{I}}(\sigma) \tag{8-3-7}$$

式中:p 为法向压力;q 为切向力;σ 为最大疲劳应力。

当裂纹较短时,微动疲劳应力强度因子 $K_{\mathrm{I}}(\mathrm{FRET})$ 比只考虑远场应力作用下的应力强度因子 $K_{\mathrm{I}}(\sigma)$ 大很多,从而产生较大的裂纹扩展驱动力。这样对于微动疲劳和普通疲劳,即使应用同样的 Paris 准则,对于同样的裂纹长度,在微动状态下由于 ΔK 值较大,则裂纹扩展速率 da/dN 较高。由此,在 AFGROW 计算中,引入考虑微动影响的 β 修正系数,其表达式为

$$\beta = \frac{K_{\mathrm{I}}(\mathrm{PEET})}{K_{\mathrm{I}}(\sigma)} \tag{8-3-8}$$

2. 权函数法

在任意应力场下的表面裂纹,只需要知道沿 x 方向的应力变化,就可用权函数法计算其应力强度因子,应力强度因子计算公式为

$$K_{\mathrm{I}}^{(C)} = K = \int_0^a \sigma_{xx}(x)m(x,a)\mathrm{d}x \tag{8-3-9}$$

式中:σ_{xx} 为使裂纹扩展的应力;$m(x,a)$ 为权函数。其示意图如图 8-3-3 所示。

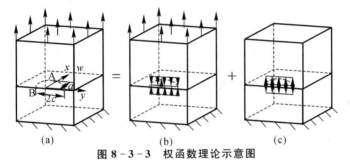

$$(a) \qquad\qquad (b) \qquad\qquad (c)$$

图 8-3-3　权函数理论示意图

对于裂纹表面点,权函数的表达式为

$$m_A(x,a) = \frac{2}{\sqrt{2\pi(a-x)}}\left[1 + M_{1A}\left(1 - \frac{x}{a}\right)^{1/2} + M_{2A}\left(1 - \frac{x}{a}\right) + M_{3A}\left(1 - \frac{x}{a}\right)^{3/2}\right]$$

$$\tag{8-3-10}$$

$$M_{1A} = \frac{\pi}{\sqrt{2Q}}(4Y_0 - 6Y_1) - \frac{24}{5} \tag{8-3-11}$$

$$M_{2A} = 3 \tag{8-3-12}$$

$$M_{3A} = 2\left(\frac{\pi}{\sqrt{2Q}}Y_0 - M_{1A} - 4\right) \tag{8-3-13}$$

式中:Y_0、Y_1 为几何因子。

根据 Raju 和 Newman 用有限元方法给出的表面裂纹尖端应力强度因子,应力强度因子表达式如下:

$$K_{\mathrm{I}} = \left[1.04 + 0.2\left(\frac{a}{t}\right)^2 - 0.1\left(\frac{a}{t}\right)^4\right]\left[\sec\left(\frac{\pi a}{2w}\right)\sqrt{\frac{a}{t}}\right]^{0.5}\sigma\sqrt{\frac{\pi a}{Q}} \tag{8-3-14}$$

式中:w 和 t 分别表示结构宽度和厚度;a 和 c 分别表示裂纹深度和裂纹半宽,则有

$$Q = 1 + 464\left(\frac{a}{c}\right)^{1.65} \qquad (8-3-15)$$

权函数法只需要知道应力在一个方向的变化,假定裂纹的存在并不影响应力场,同时权函数法假设裂纹以模型Ⅰ模式扩展。通过对 2A12 铝合金的研究发现,微动疲劳裂纹最初成核方向与接触几何和施加的载荷有关,与接触表面成一角度,但随后裂纹方向很快发生变化,沿与接触表面垂直的方向扩展,因此假设裂纹以模型Ⅰ模式扩展是合理的,相关文献也证实这一假设是合理的。

3. 扩展有限元法

扩展有限元的主要特征就是在裂纹穿越的单元格(称为强化节点或强化单元格)有限元模型里增加额外自由度构建一个节点集。这样,可以通过数值计算来体现不连续状态而不需要重新划分网格。这个方法由 Moës、Belystschko 等提出,是基于单位分解法,该方法能在标准有限元结构中导入局部节点集。

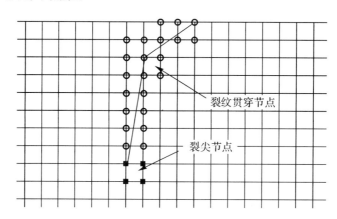

图 8-3-4 X-FEM 强化节点

图 8-3-4 所示是微动模型的网格划分,强化节点如图矩形标志所示。裂纹穿过的节点(不包含裂纹尖端)用两个附加自由度来加强,每个自由度对应于域空间的一个方向,并通过 Heaviside 函数 $H(x)$ 来表示实际位移的不连续状态,这些节点在图 8-3-4 中用圆圈标记。Heaviside 函数取决于强化节点关于裂纹面的相对位置,只能取值为 $H(x) = \pm 1$。

X-FEM 同样考虑到裂尖节点的强化,这些节点(见图 8-3-4 正方形标记的节点)用 8 个附加自由度来加强:四个裂尖函数 $F_j(x)$ 乘以域空间两个方向。裂尖函数构成基本函数,该基本函数代表 LEFM 位移场的第一项,再现 LEFM 经典应力奇异行为。这些基本函数可表示为

$$F_j(r,\theta) = \sqrt{r}\left[\sin\frac{\theta}{2}, \cos\frac{\theta}{2}\sin\frac{\theta}{2}\sin\theta, \cos\frac{\theta}{2}\sin\theta\right] \qquad (8-3-16)$$

j 的取值为 $j = 1-4$,(r,θ) 为局部参考系极坐标,原点在裂尖,方向与裂纹方向一致。因此,对于 2D 情况,域内点 x 相对于位移的扩展有限元近似值为

$$u_{\text{xfem}}(x) = \sum_{i=1}^{n_M} N_i(x)u_i + \sum_{i=1}^{n_H} N_i(x)H(x)a_i + \sum_{i=1}^{n_{CT}} N_i(x)\left[\sum_{i=1}^{4} F_j(x)b_{i,j}\right]$$

$$(8-3-17)$$

式中：n_M 为网格内的节点数；n_H、n_{CT} 分别为 Heaviside 强化节点数和裂尖强化节点数；$N_i(x)$、u_i 分别为标准形状函数和每个节点 i 的标准自由度；a_i 和 $b_{i,j}$ 分别为 Heaviside 函数 $H(x)$ 和裂尖函数 $F_j(x)$ 的附加自由度。另外，裂尖函数的引入提高了裂尖附近奇异 LEFM 应力场的计算精度，从而给出更加精确的应力强度因子估算值，这是 X-FEM 比标准 FEM 更进一步的优势。

　　一些作者将 X-FEM 和 ABAQUS 结合起来，定义一个用户单元，允许每个节点有 12 个自由度。ABAQUS 接触分析程序和 K-FEM 的联合能够成功地模拟微动疲劳问题，并用路径独立相互作用积分来计算应力强度因子。相互作用积分与 J 积分在应力强度因子计算方面有同样的优势，如高的准确性和少的用户干涉。而且能用辅助场得到混合模式下的应力强度因子 K_I 和 K_{II}，此时相互作用积分可变形为等效域积分，其表示形式为

$$I^{(1,2)} = \int_{\Omega}\left[\sigma_{ij}^{(1)}\frac{\partial u_i^{(2)}}{\partial x_1} + \sigma_{ij}^{(2)}\frac{\partial u_i^{(1)}}{\partial x_1} - W^{(1,2)}\delta_{ij}\right]\frac{\partial q}{\partial x_j}\mathrm{d}\Omega \qquad (8-3-18)$$

式中：上标为(1)的场为通过 X-FEM 求解的场；上标为(2)的场为辅助场。

　　选用辅助场作为渐近裂尖场，来分别计算纯模型 I 或纯模型 II 中的应力强度因子 K_I 或应力强度因子 K_{II}。在式(8-3-18)中，x_1、x_2 是裂尖的局部方向，δ_{ij} 是 Kronecker 函数，q 是任意连续函数，在问题域外部边界消失并在裂尖处取值为 1。应力强度因子 SIF 计算公式如下：

$$K_I = \frac{E'}{2}I^{(1,\text{aux mod e I})}; \quad K_{II} = \frac{E'}{2}I^{(1,\text{aux mod e II})} \qquad (8-3-19)$$

式中：对于平面应力 $E' = E$，对于平面应变 $E' = E/(1-v^2)$。q 函数是一个半径为 r_q 的环形函数，并且当 $\partial q/\partial x_j \neq 0$ 时，相互作用积分对 X-FEM 结果的应用必须包括标准单元和强化单元的影响。

8.3.2　应力强度因子计算结果

　　根据有限元分析给出的应力分布结合 Rooke 和 Jones 应力强度因子计算公式，可得应力强度因子变化曲线。权函数法计算应力强度因子，则需要知道次表面切向应力分布，同样根据相关文献建立的有限元模型来计算应力分布，然后结合 Newman 和 Raju 给出的表面裂纹前沿应力强度因子表达式，即可计算出应力强度因子值，在计算时取裂纹纵横比为 $a/c = 1$。图 8-3-5 给出了 $p = 450$ N，$r = 180$ mm，$\sigma = 331$ MPa 时，切向应力在接触区后缘 $x/a = 0.891$ 处沿垂直于接触边方向的应力变化。

　　对于扩展有限元法，根据相关文献建立的有限元模型，应用最大等效塑性应变确定裂纹成核位置，分析接触区后缘裂纹尖端应力强度因子，微动疲劳应力分布受接触/裂纹的影响，即裂纹/接触相互作用对应力场产生影响。为了确定应力强度因子 K_I 与裂纹长度 a 之间的关系，用 X-FEM 分析各个裂纹长度时的应力强度因子值，进而得到不同裂纹长度与应力强度因子之间的关系曲线，扩展有限元(X-FEM)的最大灵活性就是不需要每次都修改基本网格尺寸，

进而通过式(8-3-19)计算得到应力强度因子 K_I。

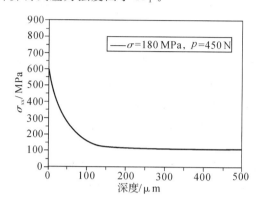

图 8-3-5 切向应力沿深度方向分布

对于接触区边缘垂直于接触面的直裂纹,解析应力 σ_{xx} 包括法向载荷、切向载荷及远场应力作用。在本书都假设裂纹为单边裂纹,图 8-3-6 给出了 $p=450$ N,$r=180$ mm,$\sigma=331$ MPa,$f=0.5$,裂纹成核位置 $x/a=0.891$ 时,用三种方式及不考虑微动计算出的裂纹长度与应力强度因子 K_I 之间的关系曲线图,从图中可以看出,当裂纹非常大时,由于裂纹对接触分布影响较小,所以,权函数和扩展有限元计算的应力强度因子比较接近。当裂纹较大时,两者误差在 5%～10%之内,引起两者误差的主要原因就是扩展有限元考虑了裂纹/接触相互作用的影响。当裂纹非常大时,此时裂纹/接触相互作用并不明显,主要原因就是权函数计算假定远场应力是均匀的,而实际在接触区附近远场应力并不均匀,部分轴向载荷通过接触单元转换为切向载荷,并且权函数法假定材料为线弹性,但在实际微动疲劳中,接触区会产生局部塑性。而有限元分析则会考虑到局部塑性的影响,因此,用扩展有限元法计算的应力强度因子更精确。

同样,Hattori 模型表达式法在裂纹较小时,计算的应力强度因子和其他两种方法比较接近,但当裂纹较大时,其应力强度因子值明显小于其他两种方法计算的值,而且从图 8-3-6 中还可以看出,所计算的应力强度因子,在考虑微动时比不考虑微动时的大。总体来看,扩展有限元法能考虑裂纹/接触相互作用影响及局部塑性影响,计算更精确、更灵活。

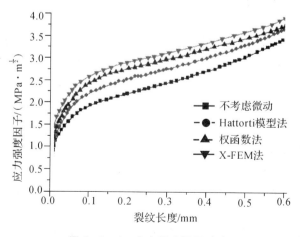

图 8-3-6 应力强度因子对比

8.4　枕垫应力对搭接结构应力强度因子的影响

第 7 章构建了考虑螺栓预紧力、结构件间非线性接触及摩擦力、材料弹塑、腐蚀等因素的搭接结构的枕垫效应模型,分析了枕垫效应对搭接件应力分布的影响,本节主要在枕垫效应模型中,引入裂纹,分析枕垫应力对应力强度因子的影响。

搭接件孔边裂纹是复合型裂纹时,K_{II} 和 K_{III} 的贡献很小,可忽略不计,因此下面计算中都把裂纹作为 I 型裂纹处理。计算时采用三维虚拟裂纹闭合技术和应变能释放率来计算应力强度因子。采取弹塑性有限元分析,取 LY12CZ 合金 L-T 方向的材料特性,弹性模量 $E=6.958\times10^4$ MPa,泊松比 $\upsilon=0.33$,螺栓材料为 30CrMnSiA,$E=1.96\times10^5$ MPa,$\upsilon=0.3$。

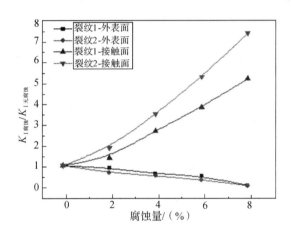

图 8 - 4 - 1　枕垫应力对搭接件应力强度因子的影响

为分析枕垫应力对裂纹扩展的影响,在上板的每个关键孔引入两垂直于远端应力的径向穿透直裂纹,如图 8 - 4 - 1 所示。图 8 - 4 - 1 给出了不同腐蚀程度下内外表面裂纹尖端应力强度因子与对应未腐蚀时的应力强度因子比值,可以看出,随着腐蚀程度的加重,内表面裂尖应力强度因子随之增大,而外表面裂尖应力强度因子随之减小。这是由于枕垫应力在钉孔内表面附近区域产生拉应力,而在外表面产生压应力,如图 8 - 4 - 2 所示。这种内外表面的应力差为导致裂纹沿内表面的扩展速度快于外表面,枕垫应力越大,内外表面裂纹扩展速度差别越大,通过对退役波音飞机搭接结构的分解也发现了这种现象,搭接结构存在很多裂纹,但很少穿透到到外表面,尽管内表面裂纹长度有的大于 6.3 mm,这将会大大降低探伤到此类裂纹的概率,同时很小的枕垫应力就会在搭接件中引起较大的应力,使裂纹形成时间明显小于无腐蚀时的状况,因此对腐蚀搭接件的检修周期应适当减小。

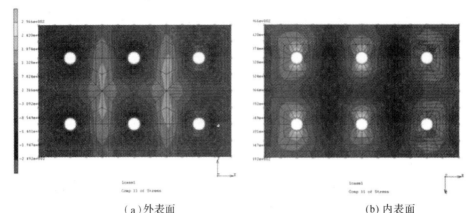

（a）外表面　　　　　　　　　　　　　　（b）内表面
图 8 - 4 - 2　腐蚀搭接件的上蒙皮应力云图

8.5　小　　结

在含 MSD 结构的完整性评估中,应力强度因子是一个非常重要的部分,它是含 MSD 结构剩余强度和裂纹扩展分析的前提。本章对含裂纹的加筋平板和搭接结构构建了二维和三维限元模型,分析了材料、几何尺寸、工艺、微动及枕垫应力对应力强度因子的影响,相关结论可为飞机类似结构的设计及维护提供参考。

参 考 文 献

[1] 贾亮,黄其青,殷之平. 含裂铆接搭接板应力强度因子分析方法[J]. 机械强度,2004,26(4):439-442.

[2] 黄其青,邹彩凤,殷之平. 含接触接触问题多孔连接结构的多裂纹裂尖应力强度因子研究[J]. 机械强度,2005,27(5):661-665.

[3] 郁大照,陈跃良,段成美. 含 MSD 加筋板应力强度因子的有限元分析[J]. 材料研究学报,2007,21(s):143-147.

[4] YU D Z, CHEN Y L, DUAN C M. Stress intensity deternination for MSD riveted stiffened panels in the presence of corrosion[J]. Key Engineering Materials. 2007,353:957-960.

[5] JAMES M, SWENSOND. FRANC2D/L:a crack propagation simulator for plane layered structures[M]. New York:Cornell University Press,2002.

[6] UGURAL A C, FENSTER S K. Advanced strength and applied elasticity[M]. 3rd ed. New York:Prentice-Hall,Inc,1995.

[7] MARKUS H. Analysis of stiffened panels with multiple site damage [D]. West Lafayette:Purdue University,1997.

[8] MARKUS H. Analysis of stiffened panels with multiple site damage [D]. West Lafayette: Purdue University, 1997. .

[9] CAMANHO P P, MATTHEWS F L. Delamination onset prediction in mechanically fastened joins in composite laminates[J]. J Composite Mater. 1999, 33(10):906 - 927.

[10] MCCARTHY M A, MCCARTHY C T. Finite element analysis of the effects of clearance on single shear, composite golted joints[J]. J Plastic, Rubbers Composites, 2003, 32(2):65 - 70.

[11] 郁大照. 腐蚀和多处损伤对飞机结构完整性的影响研究[D]. 烟台：海军航空工程学院, 2008: 63 - 70.

[12] LEMAITRE J. Engineering damage mechanics[M]. Berlin:Springer, 2005.

[13] JROOKE D P, JONES D A. Stress intensity factors in fretting fatigue[J]. Jornl of Strain Analysis,1997,14:1 - 7.

[14] GIUMMARRA C,BROCKENBROUGH J R. Fretting fatigue analysis using a fracture mechanics based small crack growth prediction method[J]. Tribology International, 2006,39:1166 - 1171.

[15] Shen G, Glinka G. Weight functions for a surface semi-elliptical crack in a finite thicknessplate[J]. Theor Appl Fract Mech,1991, 15: 247 - 255.

[16] NewmanJr J C, Raju I S. An empirical stress-intensity factor equation for the surface crack[J]. Eng Fract Mech,1981, 15(1/2):185 - 192.

[17] Szolwinski M P, Farris T N. Observation, analysis and prediction of fretting fatigue in 2024-T351 aluminum alloy[J]. Wear,1998,221:24 - 36.

[18] Moës N, Dolbow J, Belytschko T. A finite element method for crack growth without remeshing[J]. International Journal for Numerical Methods in Engineering,1999,46: 131 - 150.

[19] 徐丽,陈跃良,胡建军. LY12 铝合金微动腐蚀特性及损伤机制[J]. 飞机设计,2012,32 (5):38 - 42.

第9章 海洋环境下飞机搭接结构全寿命评估

对于服役于海洋环境下的飞机腐蚀损伤,如材料变薄、点蚀、枕垫效应等都随时间而变化(见图9-0-1),因此目前常用腐蚀疲劳定寿方法只能用来快速评估腐蚀损伤对特定结构剩余寿命的影响,不能真实地考虑飞机特定结构(如搭接件)中腐蚀和疲劳同时作用的事实。可见,为了能更精确地评估腐蚀环境下的飞机疲劳寿命及经济有效地维护现役飞机,建立能够预测日历退化与疲劳交互作用下的飞机结构剩余寿命估算模型势在必行。本章针对服役条件下飞机的腐蚀特点,以现有的工程方法为基础,基于材料的初始不连续状态,建立计及腐蚀、腐蚀/疲劳、结构材料性能退化等因素的疲劳全寿命分析模型。该模型通过形态修正因子来体现腐蚀与疲劳的交互过程,便于预测结构从"生"到"死"的腐蚀损伤历程,能够评估任何时间截面上的疲劳与环境交互作用下的结构剩余寿命。

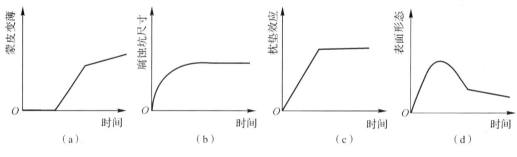

图9-0-1 腐蚀速度变化趋势示意图

9.1 结构材料的初始不连续状态

初始不连续状态指的是结构中不连续状态(如制造加工缺陷、擦伤、小孔、夹杂等)的初始尺寸。它与当量初始裂纹尺寸(Equivalent Initial Flaw Size, EIFS)概念上相似,但初始不连续状态与造成试件断裂的物理特征紧密联系,有着明确的物理意义,在理论上是一种进步。

在全寿命计算过程中,首先必须确定结构材料的初始不连续状态。相关文献对LY12CZ光滑试件的初始不连续状态进行了初步研究,但缺乏系统性。本章主要对LY12CZ应力集中试件进行疲劳试验,对相关文献中的数据进行补充完善,确保计算包含了在高应力区求得的初始不连续状态值;利用反推方法和数学工具对试验数据进行处理,得到LY12CZ材料的初始不连续状态值及其统计特性。

9.1.1　疲劳试验

在 Material Test System 810 电液伺服疲劳试验机上进行等幅试验,所用试验件与 7.3.1 节相同。控制软件为美国 MTS 公司提供的 Basic TestWare 软件,加载波形为 Sine 波,波形采用 PVC 补偿,试验机动载荷精度为 $\pm 2\%$,静载荷精度为 $\pm 1\%$。

应力比为 0.06、0.2 和 0.5,应力水平为 342 MPa、300 MPa、378 MPa、278 MPa、257 MPa、235 MPa、214 MPa、192 MPa 和 171 MPa。试验结果见表 9-1-1。

表 9-1-1　应力集中试件疲劳试验结果

P_{max}/MPa	试验结果/循环		
	应力比为 0.06	应力比为 0.2	应力比为 0.5
342			19 990, 17 850,15 187, 14 691, 17 732
300	24 479, 21 778, 21 478, 22 184, 20 087, 28 498	31 469, 35 046, 31 081, 40 705, 35 327, 26 160	39 986, 31 410, 34 957, 41 023, 27 587
278	32 870, 28 989, 33 628, 38 156, 39 048	42 448, 56 769, 45 637, 49 298, 47 827, 51 495	50 486
257	6 535, 15 866, 9 579, 10 837, 22 183	24 389, 19 590, 19 124, 18 089, 23 972	382 178, 80 525, 53 704, 123 050, 71 905
235	25031,13793,17329, 13769, 16 086	23 817, 29 615, 27 453, 34 241, 28 688	152 577, 92 824, 346 104, 123 215, 148 571
214	38 435, 33 612, 30 574, 44 961, 53 577	32 729, 49 140, 36 792, 7 589, 48 059	
192	45 557, 112 107, 160 828,191 872, 181 151, 130 203	161 851, 90 944, 86 079, 65 467, 66 743	354 877, 453 400, 324 221, 367 631
171	425 641		

9.1.2　初始不连续状态的计算及统计分析

根据相关文献,以试验数据为基础,通过 AFGROW 来反推初始不连续状态。AFGROW 是美国空军编制的一个专门用于裂纹扩展分析的程序,其有很多裂纹扩展速率模型,由于本书研究的是等幅载荷谱,不用考虑裂纹的闭合效应,故选择 NASGO 扩展模型。建模时把初始不连续状态看成半圆形的角裂纹($a=c$),裂纹扩展过程中不限制 a/c 值,由软件根据应力状态自动改变,从而随时改变应力强度因子幅 ΔK。在计算时,输入 LY12CZ 不同应力比时的裂纹扩展速率曲线,初始不连续状态具体计算过程如图 9-1-1 所示。反推计算时,为得到精确的初始不连续状态值是很耗时的,为减少计算时间,当预测疲劳寿命与试验结果的误差小于 2%

时就停止迭代计算。计算结果见表 9－1－2，光滑试件的初始不连续状态值也在表中给出。

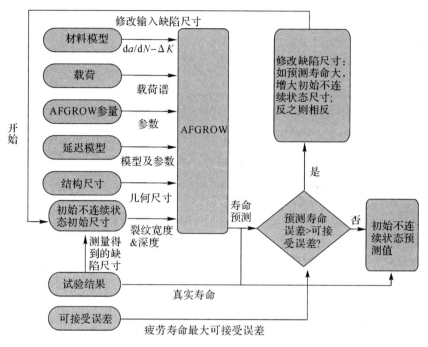

图 9－1－1　初始不连续状态计算过程

表 9－1－2　初始不连续状态计算结果

应力比 R	光滑试件初始不连续状态值/mm	应力集中试件初始不连续状态值/mm
0.06	0.151,0.163,0.163,0.157, 0.172,0.122,0.175,0.199, 0.171,0.152,0.148,0.140, 0.127,0.182,0.157,0.081, 0.104,0.111,0.150,0.113, 0.165,0.092	0.102 5,0.087 6,0.142 8,0.116 2, 0.070 2,0.099 8,0.111 5,0.157 3, 0.109 2,1.169 2,0.099 2,0.108 9, 0.125 8,0.082 3,0.799,0.179 1,0.068 5, 0.587 4,0.057 2,0.055 7,0.062 9,0.052 6
0.2	0.136,0.122,0.137,0.106, 0.121,0.161,0.166,0.128, 0.157,0.144,0.150,0.140, 0.165,0.143,0.140,0.140, 0.160,0.117,0.155,0.126, 0.138,0.183,0.129	0.089 9,0.121 8,0.132 6,0.137 4,0.086 9, 0.149 5,0.111 1,0.119 2,0.090 2,0.110 9, 0.191 9,0.092 9,0.147 5,0.060 6,0.094 9, 0.052 4,0.043 8,0.080 8,0.113 1,0.111 1
0.5	0.107,0.117,0.082,0.072, 0.105,0.117,0.098,0.115, 0.113,0.081,0.072,0.088, 0.084,0.094,0.086,0.073, 0.093,0.085,0.108,0.094	0.115 9,0.137 2,0.186 3,0.196 6,0.136 6, 0.089 2,0.082 8,0.107 6,0.084 9,0.149 0, 0.095 2,0.076 6,0.074 9,0.139 9,0.058 0, 0.050 3,0.061 9,0.101 4,0.053 8,0.031 0, 0.064 2,0.089 8,0.065 2

相关文献的研究表明,高强度铝合金的初始不连续状态服从二参数或三参数威布尔(Weibull)分布,图 9 - 1 - 2 给出了试验数据的直方图。从图 9 - 1 - 2 中可以看出,其基本服从正态分布或威布尔分布。为确定其最佳分布,按照相关文献的方法对两种分布进行相关系数优化检验,得出两者的相关系数分别为 $|r|_{\text{Norm}} = 0.993\,0$ 和 $|r|_{\text{Weibull}} = 0.993\,4$,可以看出正态分布的相关系数和三参数分布的相关系数接近,这是因为当 Weibull 形状参数为 3~4 时,Weibull 分布频率函数接近正态分布频率函数。三参数 Weibull 分布的相关系数值稍大,同时为与其他材料(如 2024-T3 和 7075-T6)初始不连续状态的研究统一和便于比较,本书取 LY12CZ 的初始不连续状态尺寸服从三参数 Weibull 分布。三参数 Weibull 分布的概率密度函数为:$f(x) = \dfrac{\beta}{\sigma}\left(\dfrac{x-u}{\sigma}\right)^{\beta-1}\exp\left[-\left(\dfrac{x-u}{\sigma}\right)^{\beta}\right]$ $(x \geqslant u, \sigma > 0, \beta > 0)$,$u$ 为位置参数,σ 为尺寸参数,β 为形状参数。其中:$u = 0.012\,8$,$\sigma = 0.114\,7$,$\beta = 3.188\,3$。概率密度均值为 0.114 9 mm,方差为 0.001 4,并将其曲线在图 9 - 1 - 2 中给出。图 9 - 1 - 3 给出了材料初始不连续状态的累积概率曲线。

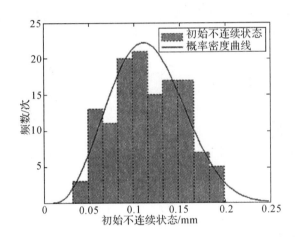

图 9 - 1 - 2　LY12CZ 铝合金初始不连续状态概率密度曲线

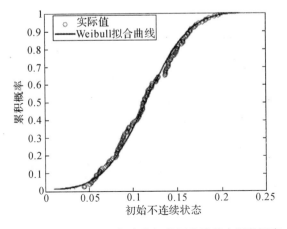

图 9 - 1 - 3　LY12CZ 铝合金初始不连续状态累积概率

9.2 基于初始不连续状态的腐蚀搭接结构全寿命评估模型

9.2.1 点蚀模型

从第 6 章的分析可知,蚀坑可当量成裂纹,在建模过程中把蚀坑尺寸与其底部的初始不连续状态尺寸相加作为等效裂纹尺寸,由于蚀坑的三维尺寸测量比较困难,点蚀模型以二维闭合形式断裂力学应力强度因子为基础,研究含单边半椭圆形裂纹光滑试件和含半椭圆形角裂纹的应力集中试件的单向受载情况。过去许多学者把蚀坑当量成半(椭)圆形裂纹,而通过对老旧飞机结构的微观分析发现,每个蚀坑的形状比都不同,且大部分形状比都大于 1,为此本章当量裂纹尺寸等于试件断面测到的蚀坑尺寸。为保守起见,等效裂纹的宽度等于蚀坑宽度,深度等于蚀坑深度加上初始不连续状态尺寸,但初始不连续状态尺寸不随蚀坑的发展而变化,蚀坑等效过程如图 9-2-1 所示。

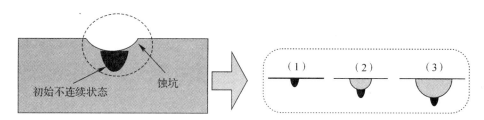

图 9-2-1 点蚀模型蚀坑发展变化示意图

在 AFGROW 中,光滑结构与含孔结构的计算模型不同,为此对两类结构分别建模计算。

1. 光滑试件计算模型

计算模型如图 9-2-2 所示,为与相关文献中腐蚀试件的疲劳试验值对比,材料参数和载荷条件同文献。

图 9-2-2 光滑试件 AFGROW 计算模型(单位:mm)

初始不连续状态取 LY12CZ 铝合金初始不连续状态的均值 $0.114\ 7\ \text{mm}$,蚀坑尺寸由断面测得。试件腐蚀后,材料性能也会发生退化,为考虑其对寿命的影响,材料参数取腐蚀后试件的性能参数。裂纹扩展分析过程中选取 Walker 公式作为裂纹扩展速率模型,则有

$$da/dN = C[(1-R)^M K_{max}]^n \quad (R \geqslant 0) \quad (9-2-1)$$

通过对预腐蚀 LY12CZ 试件（da/dN）-ΔK 数据进行拟合,得

$$C=8.797\,5\times10^{-8}/\text{m}\cdot(\text{MPa}\cdot\text{m}^{\frac{1}{2}})^{-n},M=0.66,n=3.14$$

图 9-2-3 分别给出了 $R=0.5$ 时的试件疲劳寿命的试验值和模型的估算值,可以看出,考虑初始不连续状态时的估算值与试验值相对比较吻合,特别是在蚀坑尺寸较小时,随着蚀坑尺寸的发展,误差逐渐增大,表明目前基于初始不连续状态的点蚀模型对疲劳寿命进行估算是有效的,不过蚀坑尺寸较大时结果偏于保守,这也验证了前述只有窄深蚀坑适宜当量成裂纹的结论,同时也说明不考虑初始不连续状态时得出的结论偏高。

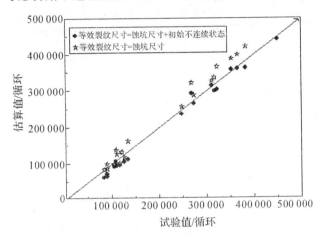

图 9-2-3　光滑试件的估算值和试验值

2. 应力集中试件计算模型

由于试件在预腐蚀后制孔,其孔壁无腐蚀,同时结合断面孔壁处的腐蚀损伤位置,计算模型采用孔壁角裂纹的模式,初始不连续状态取 LY12CZ 铝合金初始不连续状态的均值 0.114 7 mm,并等效成 1/4 圆形角裂纹,如图 9-2-4(a)所示,尺寸同试验件,载荷谱与试验条件相同,同时考虑材料的性能退化影响,AFGROW 参数输入同上。此外,在孔壁处经常发生多处腐蚀损伤,因此建立了孔壁双等尺寸表面裂纹来模拟多处腐蚀损伤对结构寿命的影响,如图 9-2-4(b)所示。

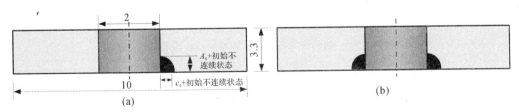

图 9-2-4　应力集中试件 AFGROW 计算模型(单位:mm)

在观察断面时,发现许多试件孔壁处腐蚀不是很明显,计算时选择了 6 个相对典型的试件作对比分析。图 9-2-5 对试验值和估算值进行了对比,可以看出二者基本吻合,导致差异的原因可能是蚀坑尺寸测量本身有误差。另外,通过断面发现许多蚀坑并不完全位于孔壁最外缘,AFGROW 本身也不能根据蚀坑实际位置来建模,这也会产生一定的误差。

由图 9-2-3 和图 9-2-5 可以看出,点蚀模型能较好地评估蚀坑对结构完整性的影响,但由于试验测得的蚀坑尺寸范围较小,结构寿命随蚀坑发展变化的关系不明显,为此下面对不同的等效裂纹尺寸(形状比 c_0/a_0 取 1.5)进行仿真计算,计算模型如图 9-2-4 所示,参数输入同上。图 9-2-6 给出了疲劳寿命随蚀坑深度尺寸的变化关系曲线,可以看出,在点蚀过程的起始阶段,试件的疲劳寿命随着蚀坑尺寸的加深而急剧下降,在蚀坑发展到一定水平后,试件疲劳寿命对蚀坑尺寸不再敏感,相关文献也给出了相似的结论。从图 9-2-6 中还可以看出,与仅存在单一裂纹时相比,结构中存在双裂纹后其疲劳寿命明显下降,特别是蚀坑尺寸较小时,因此在分析腐蚀对结构的影响时应考虑多处腐蚀损伤。

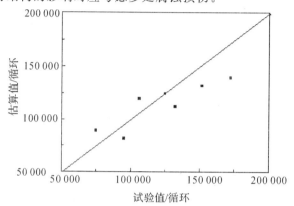

图 9-2-5　应力集中试件的估算值和试验值

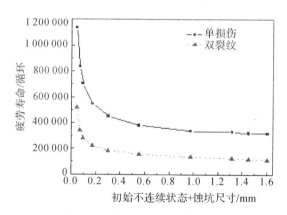

图 9-2-6　蚀坑尺寸和多处腐蚀损伤对疲劳寿命的影响

9.2.2　缝隙腐蚀模型

由前述分析可知,只有在蚀坑发展初期,点蚀模型才具有较高的精度,对形状比较大的蚀坑应用其他模型来评估其对结构的影响。

在大气环境特别是海洋大气环境中,金属与金属或金属与非金属的连接处常会发生缝隙腐蚀,如飞机结构搭接件。缝隙腐蚀往往会在两板接触面形成许多大小不一的蚀坑,部分蚀坑发生连通,使表面高低不平,如波浪形一样。此外,腐蚀还造成了大范围的表面受损或材料厚度减小,从而造成局部应力增大和应力集中。本节主要分析腐蚀表面拓扑特征对结构寿命的影响,对那些不适宜当量成裂纹的蚀坑,该模型通过其拓扑特征就可以分析蚀坑的影响。

　　建模过程中,一般通过光学扫描电镜观察得到存在腐蚀形态构件剖面的情况,并将剖面形状转换成 x-y 坐标下的数据,然后使用 StressCheck 对剖面建模,随后不同长度的裂纹被加到剖面的不同位置,以确定不同的腐蚀形态和裂纹长度组合下的 K_1 族,从而研究不同的腐蚀形态对剖面的影响。

　　受测量工具的限制,没有对实际结构腐蚀表面形态进行测量,而是通过图 9-2-7 所示的有限元模型来说明建模过程。

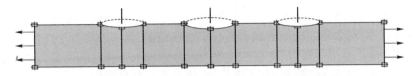

图 9-2-7　含三大形状比蚀坑的有限元模型

　　利用 StressCheck 的裂纹路径分析和自动扩展功能,首先进行结构应力分析,StressCheck 根据应力分析自动确定裂纹起始点,取裂纹初始长度为 0,第一次计算过后,裂纹根据设定的步长沿垂直于第一主应力的方向扩展,裂尖周围网格重新自动划分,计算完后,会给出每步扩展的裂尖坐标、扩展方向角度和应力强度因子。图 9-2-8 所示为裂纹扩展第 10 步时的结构变形图(放大 20 倍)。

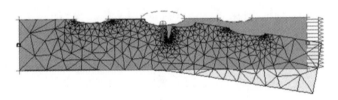

图 9-2-8　含裂纹结构变形图

　　为分析表面腐蚀损伤对应力强度因子的影响,利用 StressCheck 的参数分析功能,不断改变腐蚀表面形态。图 9-2-9 给出了两种腐蚀情形下 K_1 与腐蚀前 K_1 比值随裂纹长度变化的形态修正因子曲线,可以看出,腐蚀表面使应力强度因子严重增大,不过随裂纹的扩展,影响逐渐变小,然后又快速增大。这是因为随裂纹扩展,裂尖逐渐远离腐蚀表面影响,但随裂尖接近蒙皮底部,受边界的影响逐渐增大,同时由于腐蚀表面的影响,在裂纹长度相同时,腐蚀后的裂纹首先接近底部,所以较无腐蚀时在裂纹扩展后期应力强度因子增大快。

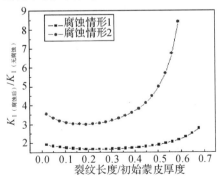

图 9-2-9　腐蚀表面形态对应力强度因子的影响

对飞机结构来说,当构件开始受到交变载荷时,腐蚀环境作用非常弱,因此在给定了腐蚀形态以后,只需不断改变裂纹长度就可以得到 TCF 变化曲线。随后,把计算得到的 TCF 代入 AFGROW 中进行疲劳裂纹扩展分析就可以估算出腐蚀表面对结构寿命的影响。

9.2.3 剥蚀模型

1.光滑试件

相关文献对 LY12CZ 预剥蚀光滑试件进行了疲劳试验,结果如图 9-2-10 所示。可以看出,与点蚀对疲劳寿命的影响相似,在剥蚀过程的起始阶段试件的疲劳寿命随着腐蚀程度的加深而急剧下降,剥蚀程度发展到一定水平后,对试件疲劳寿命的影响趋于缓和。LY12CZ 的腐蚀失效模式是点蚀—晶间腐蚀—剥蚀,说明影响寿命的最主要因素是蚀坑尺寸,而剥蚀引起的横截面积减小只起次要作用。对剥蚀区的微观分析也发现在剥蚀区底部存在一些小的蚀坑,为此本章在点蚀模型的基础上对光滑试件建立剥蚀模型,并假设蚀坑尺寸是一常量,这主要有两个原因:一是从图 9-2-6 可以看出,蚀坑尺寸增大到一定值后,寿命对蚀坑尺寸不再敏感,在本章条件下,此值(蚀坑深度)的范围为 1~1.6 mm(蚀坑形状比为 1.5),剥蚀模型中取 1 mm;二是在对断口的微观分析中发现剥蚀区底部的蚀坑十分不规则,很难从腐蚀表面测量其值,为便于工程应用,把蚀坑尺寸简化成一常量。初始不连续状态取 LY12CZ 铝合金初始不连续状态的均值 0.114 7 mm,为保守起见,初始不连续状态只与蚀坑深度相加,蚀坑宽度不变,具体建模过程如图 9-2-11 所示。

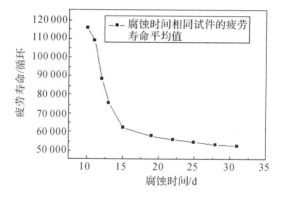

图 9-2-10　腐蚀时间对疲劳寿命的影响

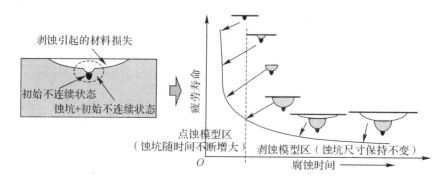

图 9-2-11　剥蚀模型腐蚀区发展变化示意图

计算时先对剥蚀引起的材料损失影响进行有限元分析,图 9-2-12 为某一剥蚀情形的局部有限元模型。为说明蚀坑对横截面上应力的影响,图 9-2-13 给出了三种腐蚀情形下沿 $A—A'$ 的 S_x 的变化趋势曲线,可以看出材料的损失使局部应力增大,最大应力截面应力发生变化,远方应力在蚀坑处发生偏移,使结构产生弯矩,导致蚀坑对测蒙皮底部产生压应力。把此曲线代入 AFGROW 中就可以修正因横截面积减小引起的应力集中和弯矩的影响。为考虑材料性能的下降,AFGROW 参数输入同上。根据相关文献测得的数据,图 9-2-14 分别给出了试件疲劳寿命的试验值和模型的估算值,可以看出估算结果与试验值比较吻合,表明目前的模型估算剥蚀对疲劳寿命的影响是有效的。在分析过程中,将蚀坑深度取为 1 mm,形状比为 1.5,计算结果表明这一取值是合理的,当应力水平、应力幅和材料变化时,这一取值是否依然合理将在今后的工作中进一步研究。上面在分析材料损失对应力的影响时,是按除掉腐蚀产物后腐蚀区实际的拓扑特征建的模型,而剥蚀主要集中在铝合金表面某一区域,腐蚀面积相对较大且以大体相同的腐蚀速率进行腐蚀,为便于工程应用,在剥蚀模型中可视其为均匀腐蚀,其腐蚀程度用最大腐蚀深度来表示。用简化后的剥蚀模型估算的寿命也在图 9-2-14 中给出,可以看出简化前后估算值变化不大。

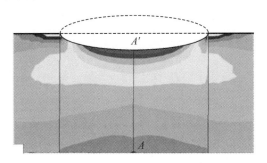

图 9-2-12　材料损失对应力分布的影响

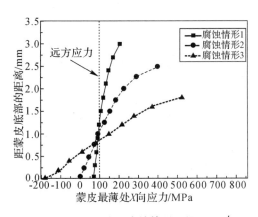

图 9-2-13　不同腐蚀情形下沿 $A—A'$
的 S_x 的变化趋势

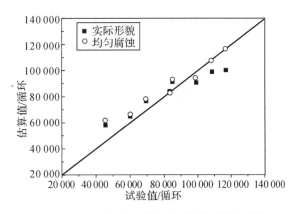

图 9-2-14　基于光滑试件剥蚀模型的估算值
与试验值的对比

上面假设位于剥蚀区域底部的蚀坑深度为一常量,为分析此值对寿命的影响程度,分别取蚀坑深度为 0 mm、0.45 mm、0.85 mm 和 1.25 mm,蚀坑形状比为 1.5,而剥蚀水平为原始厚度的 0、2%、5%、10% 和 20%，AFGROW 模型的分析结果如图 9-2-15 所示。从图中可以看出，虽然试件的疲劳寿命随剥蚀程度的加深而下降，但与点蚀相比，剥蚀对疲劳寿命的影响较为有限。可见，剥蚀水平并非导致疲劳失效的最重要的影响因素，这也与上面的试验结果一致，因此在分析过程中应将重点放在对剥蚀区底部点蚀损伤的研究上。需要指出的是，当对试件的静力破坏情况进行估算时，剥蚀沿深度方向的扩展应被作为重要因素加以研究。同时还可以看出，当蚀坑深度大于 1 mm 后，疲劳寿命基本不随蚀坑尺寸的增加而减小，这也进一步证明了剥蚀模型中取蚀坑深度为 1 mm 是合理的，当然，材料和应力变化时，此值可能发生变化。

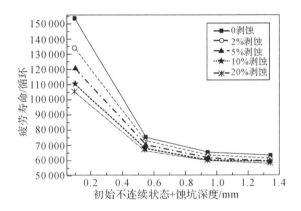

图 9-2-15　蚀坑尺寸和剥蚀水平对寿命的影响

2. 应力集中试件

飞机紧固结构中，剥蚀通常最初发生在埋头孔与铆钉头的结合部位或埋头孔孔壁处，随后可以一直扩展到铆钉头范围之外，在机翼外表面形成特有的凸起，如图 9-2-16 所示。

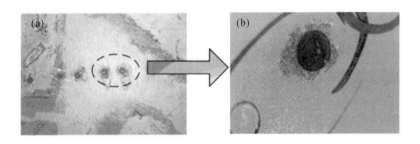

图 9-2-16　钉孔处剥蚀外貌

为研究剥蚀对含紧固孔结构的影响，对 7.3.1 节中那些只在孔周围腐蚀较严重的试件（见图 7-3-2）在应力比 $R=0.06$，最大应力为 235 MPa 的条件下进行等幅疲劳试验，具体试验过程同 9.1 节。

试件失效后，通过电镜测得最大腐蚀深度作为剥蚀深度。为了对比，对未腐蚀试件也做了试验（见 9.1 节），疲劳寿命与腐蚀试件结果一并列于表 9-2-1 中，剥蚀程度为最大腐蚀深度与原试件厚度比。

表 9 - 2 - 1　试件疲劳寿命试验值及剥蚀水平

未腐蚀试件		腐蚀试件		
试件编号	疲劳寿命/循环	试件编号	疲劳寿命/循环	剥蚀程度/(%)
1	11 853	C - 1	5 793	4.9
		C - 4	9 205	—
2	11 554	C - 5	7 933	5.4
		C - 8	8 977	—
3	9 231	C - 16	6 574	6.3
		C - 20	5 311	7.8
18	8 733	C - 22	5 778	8.1
		C - 25	6 789	10.5
38	9 799	C - 26	4 574	14.2
均值	10 234	均值	6 770	8.33

从表 9 - 2 - 1 中可以看出,剥蚀使疲劳寿命下降,但其与剥蚀程度并不成正比,这可能是因为对紧固孔结构来说,其寿命还受腐蚀位置和腐蚀区形状的影响。与剥蚀对光滑试件的影响不同,剥蚀后应力集中试件虽然底部也存在小的蚀坑,但裂纹总是萌生于孔边(见图 9 - 2 - 17),即剥蚀只能改变孔的最大应力集中点方位,而不能使最大应力集中点远离孔边。所以与光滑试件的剥蚀模型不同,分析剥蚀对含紧固孔结构寿命的影响时,首先确定结构的腐蚀状况,包括腐蚀形貌、深度和位置等,然后在 MSC.Marc 环境下建立三维有限元模型,运用 MSC.Marc 中的单元"软化"技术来模拟铝合金试

图 9 - 2 - 17　C - 1 试件断口图像

件剥蚀对应力分布影响的情况,为保守起见,"软化"单元模拟的剥蚀区完全失去承载能力。"软化"单元的深度相同,且等于剥蚀区的最大深度,即不考虑剥蚀区底部小蚀坑的影响。

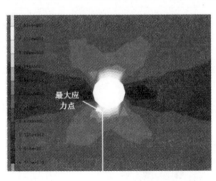

图 9 - 2 - 17　C - 26 号试件应力云图

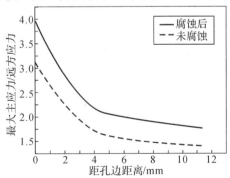

图 9 - 2 - 18　AFGROW 应力修正曲线

通过有限元分析可得到一应力修正曲线,以 C - 26 号试件为例,图 9 - 2 - 17 给出了试件的应力云图,可以看出,最大应力并不位于与载荷垂直位置,所以定义两根直线来得到其应力

修正曲线,结果如图9-2-18所示。把此应力修正曲线代入AFGROW中进行计算就可以分析剥蚀对结构疲劳寿命的影响。由于孔壁没有腐蚀,建模时取初始损伤为初始不连续状态,并将初始不连续状态看作1/4圆形角裂纹,模型如图9-2-19所示。由于缺乏试件腐蚀后的裂纹扩展数据,在考虑材料的性能退化影响时,采用了与点蚀模型中相同的材料性能参数和$da/dN-\Delta K$数据。

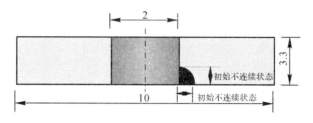

图9-2-19 AFGROW计算模型(单位:mm)

试件疲劳寿命的试验值和基于应力集中试件剥蚀模型的估算值见表9-2-2,可以看出,利用AFGROW预测得到的数值与试验值比较接近且偏于保守,误差在5.46%~15.96%之间。造成误差的原因可能是腐蚀深度的测量及建模过程中的一些简化处理。

表9-2-2 AFGROW预测值与试验值

试件编号	疲劳寿命试验值/循环	疲劳寿命估算值/循环	相对误差/(%)
C-1	5 793	5 025	-13.26
C-5	7 933	7 243	-8.69
C-16	6 574	5 886	-10.46
C-20	5 311	5 021	-5.46
C-22	5 778	4 856	-15.96
C-25	6 789	6 320	-6.9
C-26	4 574	4 310	-5.77

9.3 腐蚀单搭接件腐蚀全寿命评估

9.3.1 试验结果及分析

试验件尺寸、材料及试验过程见第7章。所有试验件的断裂破坏均发生在搭接件1#钉孔处,表现为疲劳裂纹从钉孔处萌生、扩展和导致搭接件的断裂,如图9-3-1所示。

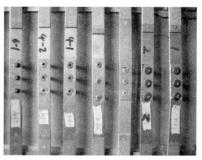

图9-3-1 部分试件断裂后图片

搭接件的疲劳试验结果见表 9-3-1。假设疲劳寿命服从对数正态分布,其统计参数一并列于表中。对表中数据进行分析可得出以下结论:

(1)钉孔直径对寿命影响较大,孔形式相同时,寿命与钉孔直径成反比。由图 9-3-2 可以看出,孔径由 4 mm 增加到 5 mm 时,寿命下降 78.56%,但由 5 mm 增加到 6 mm 时,寿命只下降 13.89%。这主要有两个原因:一是孔壁受载与钉孔直径成正比,二是当钉孔直径大于 5 mm 时,沉孔已划透板件而形成刀状的锐边,应力集中明显增大,因此对搭接件来说,应严格控制埋头窝的划窝深度。

(2)增加孔间距可提高搭接件的疲劳寿命,这主要得益于增大孔间距时,会增大中间螺栓的 LTR。由图 9-3-3 可以看出,随着孔间距的增大,其对搭接件寿命的影响逐渐减小。

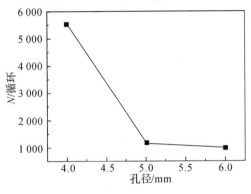

图 9-3-2 钉孔直径对疲劳寿命的影响 图 9-3-3 孔间距对疲劳寿命的影响

(3)在同等条件下,直孔试件的寿命为沉孔试件的 1.54 倍,因此情况允许时,应尽可能采用凸头螺接。

(4)与前面分析 LTR 和应力强度因子相似,螺栓材料对疲劳寿命基本上没有影响。

(5)增大螺栓的预紧力,可明显提高搭接件的疲劳寿命,因此紧固件要有足够的夹紧力,来降低紧固件的传递载荷,从而提高疲劳强度。

表 9-3-1 搭接件试验结果

试验组号	试件编号	疲劳寿命 N/循环	对数疲劳寿命统计参数
基准试件	1	5 080	均值:3.740 4 ($\hat{N}_{50}$=5 504 c)
	2	5 562	标准差:0.032 4 · 变异系数:0.008 7
	3	5 890	置信度为 95% 时 均值置信区间[3.659 9,3.820 9][4 570,6 620]
A	D1-1	970	均值:3.071 8 ($\hat{N}_{50}$=1 180 c)
	D1-2	1 208	标准差:0.080 3 变异系数:0.026 2
	D1-3	1 401	置信度为 95% 时 均值置信区间[2.872 2,3.271 3][745,1 867]
	D2-1	870	均值:3.007 0($\hat{N}_{50}$=1 016 c)
	D2-2	1 026	标准差:0.065 5 变异系数:0.021 8
	D2-3	1 176	置信度为 95% 时 均值置信区间[2.844 2,3.169 8][698,1 478]

试验组号	试件编号	疲劳寿命 N/循环	对数疲劳寿命统计参数
B	S1-1	3 527	均值：3.584 7 　（$\hat{N}_{50}$＝3 843 c） 标准差：0.032 5　变异系数：0.009 1 置信度为95％时 均值置信区间[3.504 0，3.665 3][3 191，4 627]
	S1-2	3 978	
	S1-3	4 045	
	S2-1	6 189	均值：3.839 3 　（$\hat{N}_{50}$＝6 970 c） 标准差：0.068 0　变异系数：0.017 7 置信度为95％时 均值置信区间[3.670 3，4.008 4][4 680，10 195]
	S2-2	6 443	
	S2-3	8 265	
C	H-1	7 443	均值：3.927 1 　（$\hat{N}_{50}$＝8 455 c） 标准差：0.048 8　变异系数：0.012 4 置信度为95％时 均值置信区间[3.805 9，4.048 3][6 395，11 176]
	H-2	8 821	
	H-3	9 204	
D	M1-1	5 242	均值：3.741 3 　（$\hat{N}_{50}$＝5 512 c） 标准差：0.026 9　变异系数：0.007 2 置信度为95％时 均值置信区间[3.674 6，3.808 0][4 727，6 276]
	M1-2	5 408	
	M1-3	5 906	
	M2-1	5 022	均值：3.742 2 　（$\hat{N}_{50}$＝5 523 c） 标准差：0.0358　变异系数：0.009 6 置信度为95％时 均值置信区间[3.653 3，3.831 2][4 500，6 779]
	M2-2	5 786	
	M2-3	5 800	
E	T-1	11 323	均值：4.075 3 　（$\hat{N}_{50}$＝11 893 c） 标准差：0.020 2　变异系数：0.005 0 置信度为95％时 均值置信区间[4.025 1，4.125 6][10 594，13 353]
	T-2	11 963	
	T-3	12 422	

9.3.2　搭接件寿命计算模型

对搭接件孔边裂纹来说，除了受远端的疲劳载荷外，还受力偏移引起的第二弯矩和孔壁钉载的影响，如图 9-3-4 所示。本章采用 AFGROW 中对三种载荷的处理方法，如图 9-3-5 所示。其主要任务是分别计算出裂纹表面弯曲应力和孔壁承受应力与远端最大拉应力的比，这在第 7 章已进行了计算。

由于目前的 AFGROW 不能分析沉孔孔边裂纹，本章分析含沉孔搭接件时，采用直孔与应力修正曲线相结合的方法，即按图 7-1-2 所示模型，分别对两类结构进行有限元分析，可得到沿裂纹路径（见图 9-3-6）$\sigma_{11-直孔}$ 和 $\sigma_{11-沉孔}$ 与远端应力之比分布的曲线，图 9-3-7(a) 给出了孔径为 4 mm 时，沉孔与直孔试件的 $\sigma_{11}/\sigma_{远端}$ 随裂纹长度的变化曲线，两曲线

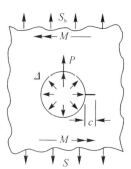

图 9-3-4　裂纹扩展分析模型示意图

相比即可得到 AFGROW 所需的应力修正曲线,如图 9-3-7(b)所示。

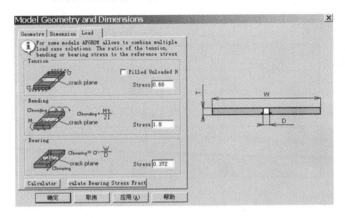

图 9-3-5　AFGROW 载荷施加方法

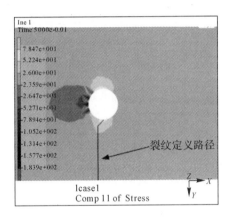

图 9-3-6　裂纹扩展路径的定义

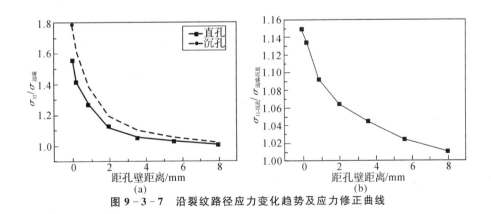

(a)　　　　　　　　　(b)

图 9-3-7　沿裂纹路径应力变化趋势及应力修正曲线

对断口的分析发现,裂纹一般起源于孔壁与接触面相交处,为此采用 AFGROW 计算时选择了直孔边存在两等尺寸径向角裂纹,计算模型如图 9-3-8 所示。计算时取初始裂纹长度等于 9.1 节计算得到的初始不连续状态平均值(0.114 7 mm),并把初始不连续状态看成半圆形的表面裂纹($a=c$),裂纹扩展过程中不限制 a/c 比,由软件根据应力状态自动改变。计算载荷同于试验条件,并输入 LY12CZ 应力比为 0.1 时的裂纹扩展速率曲线,预测结果和试验结果见表 9-3-2。

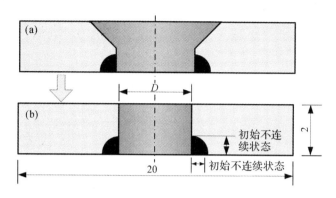

图 9-3-8　AFGROW 计算模型(单位:mm)

表 9-3-2　预测值与试验值对比

试件编号	试验均值/置信区间/循环	预测值/循环	误差/(%)
基准试件	5 504/[4 570,6 620]	6 452	17.22
D1	1 180/[745,1 867]	1 393	18.05
D2	1 016/[698,1478]	1 200	18.11
S1	3 843/[3 191,4 627]	4 266	11.01
S2	6 970/[4 680,10 195]	7 684	10.24
H	8 455/[6 395,11 176]	8 124	−3.91
M1	5 512/[4 727,6 276]	6489	17.72
M2	5 523/[4 500,6 779]	6 500	17.68
T	11 893/[10 594,13 353]	12 910	8.55

由表 9-3-2 可以看出,除了对直孔搭接件预测精度较好外,其余预测值都大于试验值,最大误差出现于直径为 6 mm 的沉孔试件。误差形成的原因可能是初始不连续状态通过光滑试件和直孔试件反推得到的,而沉孔本身加工工艺比直孔复杂,容易形成大的加工缺陷,使初始不连续状态发展成修正的不连续状态,通过对断裂后试件的分解也发现沉孔的加工质量不如直孔。不过从表 9-3-2 可以看出,增大螺栓预紧力可消除一部分初始缺陷的影响。当然,预测值基本上都位于置信区间内,同时对直孔搭接件的寿命预测也说明,本章所建模型是有效可行的,且便于工程应用。

9.4　含 MSD 腐蚀宽板搭接结构疲劳全寿命计算

9.4.1　含 MSD 宽板螺接搭接件试验

1.试验件

试验件为厚 4 mm 的 LY12CZ 铝合金板制作的搭接件,中间搭接部位铣削成 2 mm 厚度。

试验件沿 L - T(Longitudinal-Transverse) 方向取材,屈服应力 σ_s=322 MPa,弹性模量 E= 69 850 MPa,泊松比 υ=0.33。试件尺寸如图 9 - 4 - 1 所示,试件的宽度代表了某型飞机机翼两加筋条间宽度。上、下板采用三排螺栓连接,螺栓孔为直孔,螺栓直径 d= 4 mm,材料为 LY10,螺栓与孔间无干涉配合,试件装配时,每个螺栓螺帽上施加 0.5 N·m 的转矩。

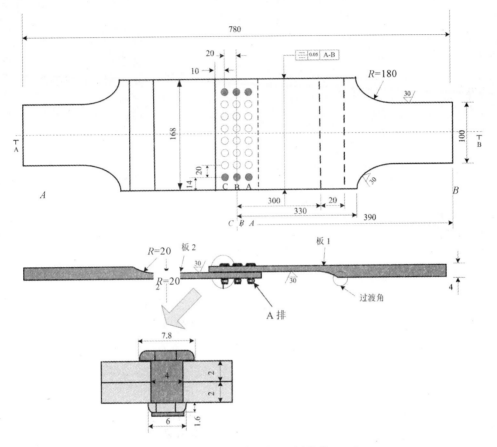

图 9 - 4 - 1　搭接结构几何尺寸(单位:mm)

为了使每个孔边都产生裂纹,模拟 MSD 的扩展,除了靠近边缘的两个孔外,用 ϕ0.12 mm 的钼丝在上板最上排(见图 9 - 4 - 1 中 A 排)螺栓孔预制对称双裂纹,长度为 0.5 mm,如图 9 - 4 - 2 所示。对靠近边缘的孔进行强化处理(见图 9 - 4 - 1 中灰色填充孔),以防止其位置过早的产生裂纹。

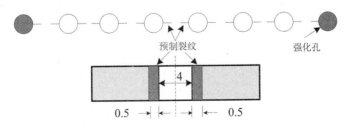

图 9 - 4 - 2　预制 MSD 损伤示意图(单位:mm)

2. 疲劳试验

疲劳试验在 Material Test System 810 电液伺服疲劳试验机上进行，加载波形为正弦波，波形采用 PVC 补偿。应力比 $R=0.1$，载荷 σ_{max} 为 100 MPa 和 150 MPa 两种载荷，频率为 5 Hz。为防止搭接部位因第二弯矩产生过大翘曲变形，安装两反翘曲装置。在远离 A 排螺栓孔处贴 3 个应变片，方向平行于载荷方向，以验证试验件中轴线与拉伸方向是否一致，试件安装如图 9-4-3 所示。先进行两次预拉，以消除安装间隙，预拉的最大载荷为 30 kN，正式试验前，通过应变的测量，确保应力均匀施加在试件上，然后进行等幅疲劳试验，直至试件失效。

图 9-4-3　试件安装示意图

3. 裂纹长度测量

对于搭接结构，扩展出钉头的裂纹长度，本章采用高倍光学显微镜与渗透检测相结合的方法记载裂纹长度与循环数的对应关系，特别是出现新裂纹和裂纹连通时的循环数。但对钉头下裂纹的扩展历程记录目前还没有一种方便有效的方法。其扩展历程和前沿形状一般通过断面的 SEM 分析得到。对于等幅疲劳试验，尽管局部裂纹扩展速率可通过疲劳滑移带估算，但是很难得到裂纹前沿形状。相关文献采用图 9-4-4 所示的标定载荷成功应用于受弯拉载荷试验件的裂纹扩展试验，并得到图 9-4-5 所示的断面 SEM 扫描图。通过该图可方便地得到裂纹扩展历程和裂纹前沿形状，说明在等幅谱中加入周期性的高或低载会产生周期性的标定滑移带，在电镜下很容易观察，但应确保标定载荷对裂纹扩展速率没有影响，或得到两种载荷谱下的裂纹扩展速率关系。下面根据 Elber 的塑性诱导裂纹闭合原理，说明应力比为 0.1 时图 9-4-4 所示标定载荷对裂纹扩展速率的影响。

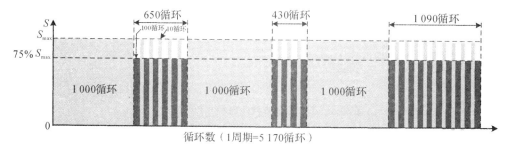

图 9-4-4　标定载荷谱

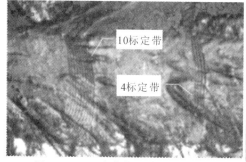

图 9-4-5　疲劳断口的标定滑移带

当 $S_{max}=100$ MPa 时：

$$\left.\begin{array}{l} S_{max} = 100 \text{ MPa} \\ S_{min} = 10 \text{ MPa} \end{array}\right\} \rightarrow R = 0.1, \Delta S = 90 \text{ MPa} \qquad (9-4-1)$$

用 Elber 的经验公式,则有

$$U(R) = \frac{\Delta S_{eff}}{\Delta S} = 0.5 + 0.4R = 0.54$$

$$\rightarrow \Delta S_{eff} = 0.54 \Delta S = 48.6 \text{ MPa} \qquad (9-4-2)$$

$$S_{op} = (S_{max})_{baseline\ cycles} - (S_{eff})_{baseline\ cycles} = 51.4 \text{ MPa} \qquad (9-4-3)$$

式中:S_{op} 为裂纹张开应力。Elber 发现等幅谱试验时,S_{op} 几乎保持不变,则有

$$(\Delta S_{eff})_{small\ cycles} = (S_{max})_{small\ cycles} - S_{op} \qquad (9-4-4)$$

$$\frac{(S_{eff})_{small\ eyeles}}{(S_{eff})_{base\ cycles}} = 0.485\ 6 \qquad (9-4-5)$$

Eiber 理论是基于疲劳裂纹扩展速率只与 ΔK_{eff} 有关,为此 Paris 公式中,可用 ΔK_{eff} 替换 ΔK,则有

$$\frac{da}{dN} = C \Delta K_{eff}^{n} = C(\beta \Delta S_{eff} \sqrt{\pi a})^{n} \qquad (9-4-6)$$

$$\frac{\left(\frac{da}{dN}\right)_{small\ cycles}}{\left(\frac{da}{dN}\right)_{base\ cycles}} = \left[\frac{(S_{eff})_{small\ cycles}}{(S_{eff})_{base\ line\ cycles}}\right]^{n} = 0.048\ 56^{n} \qquad (9-4-7)$$

对本书所用 LY12CZ 来说,Paris 公式指数 $n = 2.729$,则 100 循环标定载荷与基准载荷的比为

$$0.485\ 6^{n} = 0.485\ 6^{2.729} = 0.139\ 26 \qquad (9-4-8)$$

这表明 100 循环标定小载荷下的裂纹扩展约等同于 14 循环的基准载荷的效果。为此可对含标定载荷的载荷谱进行修正。一块含标定载荷的谱总循环数为 5 170,相当于 3 450 循环基准谱。当 $S_{max} = 150$ MPa 时,同理可得到 100 循环标定小载荷下的裂纹扩展也约等同于 13 循环的基准载荷的效果。

为了验证此方法的有效性,本书做了两基准谱和两含标定载荷谱下的裂纹扩展试验。试验件采用含中心孔的 LY12CZ 铝合金结构。试验件尺寸为 300 mm×70 mm×2 mm,中心孔直径为 2 mm,为了加速试验和减小裂纹形成时间的分散性,在中心孔边垂直于加载方向预制两条对称的切口,长度均为 1 mm,试验件形状及尺寸如图 9-4-6 所示。

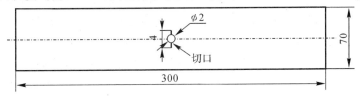

图 9-4-6   疲劳裂纹扩展速率试验件几何形状及尺寸(单位:mm)

图 9 - 4 - 7 给出了两种载荷谱下裂纹扩展速率曲线,试验结果表明,通过对标定载荷进行修正,可得到与基准谱下相似的裂纹扩展速率。

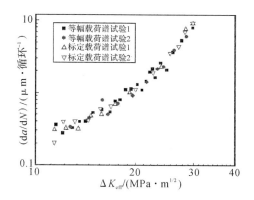

图 9 - 4 - 7　两种载荷下的裂纹扩展速率对比

9.4.2　试验结果与分析

1. 裂纹扩展过程分析

本章做了两种应力水平试验,共 4 个试件。4 个试件的裂纹扩展、连通和最终断裂都沿着 A 排钉孔间的水平线发展,图 9 - 4 - 8 给出了 2 - 1# 试件断裂前后的裂纹形状图像。

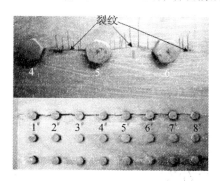

图 9 - 4 - 8　2 - 1# 试件裂纹扩展路径

为更进一步分析裂纹的扩展过程,表 9 - 4 - 1~表 9 - 4 - 4 分别给出了 4 个试件外表面扩展出螺栓头裂纹长度所对应的循环数。可以看出,在疲劳过程中,中间部位的孔边裂纹首先扩展,与相近裂纹连通后,孔边对侧裂纹再扩展、连通,并逐步向板边缘发展。

从表 9 - 4 - 1~表 9 - 4 - 4 可以看出,对 4 个试件来说,外表面第一次发现穿透裂纹时所对应的寿命占总寿命的 49.1%~85.8%,说明搭接件疲劳寿命的绝大部分消耗在螺栓头下裂纹扩展阶段。在裂纹扩展出螺栓头后,扩展速度很快,特别是当两孔间裂尖相距较近时。试件一旦出现裂纹连通,很快就断裂失效,对两试件来说,当裂纹第一次连通时,剩余寿命为总寿命的 0.7%~9.4%,第二次连通时,寿命剩余 0.01%~0.1%,因此,对含 MSD 的搭接件来说,可以把裂纹第一次连通时的寿命作为总寿命。

表 9 - 4 - 1　1 - 1# 试件裂纹长度及对应循环数

循环数	裂纹长度/mm
0	
84 722	4.012 3
94 729	5.362
101 260	8.234 1　　4.257 1
101 870	贯穿
106 962	4.098 2
107 492	5.497 2　　4.622 9
108 302	7.472 6
108 399	贯穿　　4.968 7
108 442	贯穿 失效 失效
108 474	

表 9 - 4 - 2　1 - 2# 试件裂纹长度及对应循环数

循环数	裂纹长度/mm
0	
47 912	3.952
56 781	4.177
62 375	4.27　　4.545
75 231	6.027 6.921 5.352
81 240	8.383　　4.032
88 293	6.021 贯穿
96 568	8.004　　8.214
97 264	贯穿 失效
97 383	失效

表 9－4－3　2－1# 试件裂纹长度及对应循环数

循环数	裂纹长度/mm
0	
53 066	4.122 7
56 023	5.092　5.975 5
58 510	7.411
60 698	6.368 1
61 482	9.509 2
61 773	8.082 3　贯穿
61 897	9.622 9　4.760 9
62 182	4.938　贯穿　失效
62 225	失效

表 9－4－4　2－2# 试件裂纹长度及对应循环数

循环数	裂纹长度/mm
0	
34 059	4.138
41 497	4.437　4.605
46 078	4.669　5.745　6.069
50 810	5.423　9.649　7.737　4.109
55 090	7.111　贯穿
60 005	9.635　贯穿　9.536
63 057	4.025　12.548
63 699	4.982　贯穿　贯穿　失效
63 745	失效

2. 试件表观分析

试件拆解后,在接触面钉孔处发现有轻微的微动磨损,图 9－4－9 所示为 1－1# 试件内接触面损伤情形。可以看出,磨损主要发生在上下两排钉孔处,中间一排钉孔处基本无微动磨损,说明微动磨损主要是由第二弯矩引起的。同时在孔壁没有发现明显的微动磨损。这与相关文献中给出的微动磨损情况相似。

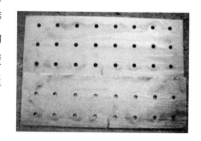

图 9－4－9　试件接触面磨损情形

3. 试件断口分析

图 9－4－10 给出了 1－1# 和 2－1# 两试件 6# 孔边左右裂纹的形貌,可以看出,接触面裂纹的扩展速度明显大于外表

面,以致外表面虽然看不到裂纹,但内表面裂纹已扩展到很长的长度。同时还可以看出,虽然两孔处于相同的位置,但裂纹前沿形状因试件初始疲劳质量和受力状态不同而不同。尽管在孔两侧预制了裂纹,裂纹仍然起源于预制裂纹前沿与内表面交接处,说明预制裂纹与实际裂纹仍有一定的差别,其可能只起到缺口的作用。

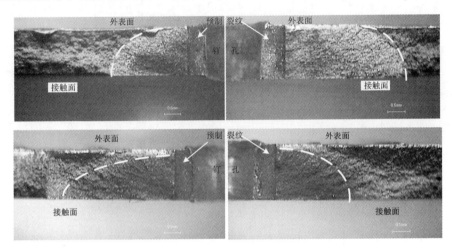

图 9 - 4 - 10　试件断口形貌

为得到螺栓头下的裂纹扩展历程,对试件 4# ~ 6# 孔附近断口在 JSM6700F 扫描电镜下进行观察,得到断口 SEM 图,图 9 - 4 - 11 所示为 1 - 1# 试件 5# 孔边标定带。推断断口裂纹长度时,以孔中心轴线为参考,取中心轴线到裂纹前缘中点的距离为相应疲劳寿命对应的平均裂纹长度,如图 9 - 4 - 12 所示。从所有断口分析来看,在 1 500 循环之前,很难从 SEM 图观察到标定带。

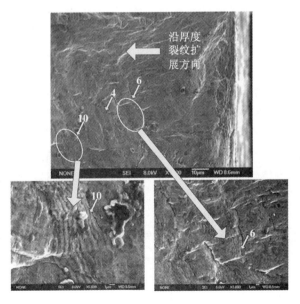

图 9 - 4 - 11　1 - 1# 试件 5# 孔边标定带图

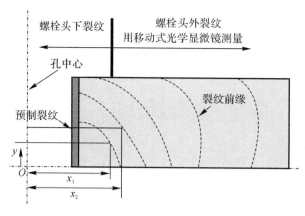

图 9 - 4 - 12　SEM 图裂纹测量坐标系

9.4.3　含 MSD 宽板搭接件寿命预测模型

本章选择 AFGROW 进行含 MSD 搭接件寿命预测分析。AFGROW 是美国空军编制的一个专门用于裂纹扩展分析的程序,更为重要的是其可对多裂纹的扩展进行分析。其有很多裂纹扩展速率模型,由于疲劳载荷为等幅谱,应力比大于 0,故裂纹扩展分析过程中选取 Paris 公式 $da/dN=C(\Delta K)^n$ 作为裂纹扩展速率模型。其中 a 是裂纹长度,N 是循环载荷次数,C 和 n 是材料常数,对于 LY12CZ 板材,当应力比为 0.1 时,$C=1.362\ 75\times10^{10}$,$n=2.729$。

对于含 MSD 搭接件,裂纹扩展过程中,受铆钉与孔的干涉配合、第二弯矩、MSD 裂纹间的相互干涉,特别是铆钉力随裂纹长度变化等因素的影响,为此计算每条裂纹应力强度因子时,应充分考虑以上因素的影响。而 AFGROW 目前的版本只能分析含空孔平板受远端应力的孔边多裂纹情形,不能考虑上述复杂因素。为此,本章建立可考虑上述因素的宽板搭接件有限元模型,对试件进行应力分析,把远端应力、第二弯矩、钉载及裂纹间的干涉等综合影响用应力强度因子修正系数 Y 来反映。Y 反映的是多种因素影响下局部应力的增加作用,考虑多种因素时的应力强度因子与孔边仅有裂纹时应力强度因子的比值就是 Y,可被认为是对几何形状因子 β 或应力强度因子的放大。然后把 a-Y 曲线代入 AFGROW 中进行寿命计算,从而可以解决过去含 MSD 搭接件多裂纹扩展中多因素影响分析难的问题。计算流程如图 9 - 4 - 13 所示。

本章采用 FRANC2D/L 软件对 MSD 裂纹 SIF 进行计算。在 FRANC2D/L 中,层状结构每层有其自己的有限元网格。对层状结构中的螺栓,FRANC2D/L 可用详细的杆元或简单的弹簧元表示。杆元模型用二维有限元单元来反映螺栓的特性,用非线性接触单元描述螺栓与钉孔的交界面,用黏性单元来提供层状结构连接部位的剪应力和钉载。螺栓的简化模型用连接重叠部位每层节点的弹簧元表示。为简化模型自由度,只有最上排含孔边裂纹的螺栓用杆元表示,其余用弹簧元表示,图 9 - 4 - 14 所示为含 MSD 的搭接件局部有限元模型。

为保证简化的弹簧元传递的载荷和层间相对位移与简化前相同,用式(9 - 4 - 9)～式(9 - 4 - 12)来计算螺栓的材料参量。

$$G_F = \frac{E_F}{2(1+\upsilon)} \tag{9 - 4 - 9}$$

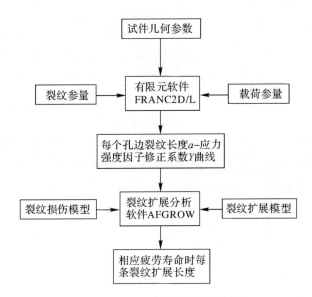

图 9 - 4 - 13　裂纹扩展计算流程

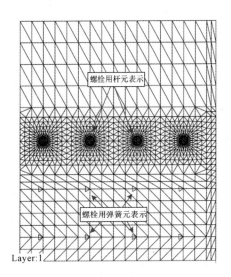

图 9 - 4 - 14　搭接件局部有限元模型

$$E_{\mathrm{F}} = \frac{8Eh}{\pi d}\left[(1+\upsilon)+\frac{8}{3}\left(\frac{h}{d}\right)^{2}\right]\left[B+C\left(\frac{d}{t_{1}}+\frac{d}{t_{2}}\right)\right]^{-1} \qquad (9-4-10)$$

$$k = \frac{\pi d^{2} G_{\mathrm{F}}}{4h} \qquad (9-4-11)$$

$$k_{\mathrm{b}} = \frac{3\pi d^{4} E_{\mathrm{F}}}{64\ h^{3}} \qquad (9-4-12)$$

式中：E 是平板弹性模量；υ 是泊松比；h 是载荷偏移度；d 是螺栓直径；t_{1} 和 t_{2} 分别是平板和筋条厚度；E_{F} 是螺栓弹性模量；G_{F} 是螺栓剪切模量；k_{s} 和 k_{b} 分别是弹簧元的剪切柔度和弯曲柔度；B 和 C 是试验常数，对于 LY10 铝合金，$B=1.667$，$C=0.085$。具体参数见表 9 - 4 - 5。

表 9 - 4 - 5　螺栓的材料参数

螺栓 （直径-材料）	$E_F/(\mathrm{MPa}\cdot\mathrm{m}^{\frac{1}{2}})$	$G_F/(\mathrm{MPa}\cdot\mathrm{m}^{\frac{1}{2}})$	$k_s/(\mathrm{N}\cdot\mathrm{m}^{-1})$	$k_b/(\mathrm{N}\cdot\mathrm{m}^{-1})$
4 mm - LY10	2.38×10^7	8.96×10^6	1.49×10^8	5.31×10^7

因为试验主要得到 4#、5# 和 6# 孔边裂纹长度与寿命的对应关系，为此图 9 - 4 - 15 只给出了 4#、5# 和 6# 孔相应裂纹长度 a 与 Y 的关系曲线。FRANC2D/L 分析计算时不考虑螺栓与孔的干涉配合及板与板间的摩擦力。

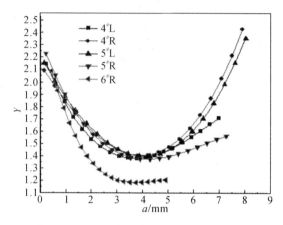

图 9 - 4 - 15　4# ~ 6# 孔边裂纹 a - Y 曲线

裂纹扩展分析时，将图 9 - 4 - 15 中曲线和应力比为 0.1 时的 LY12CZ 裂纹扩展速率曲线输入 AFGROW 中。通过对断口的分析，裂纹一般为半圆形角裂纹，为此建模时把初始裂纹看成半圆形的角裂纹（$a=c=0.5$ mm），并只对中间的两个孔进行分析，如图 9 - 4 - 16 所示。裂纹扩展过程中不限制 a/c 比，由软件根据应力状态自动改变，从而随时改变应力强度因子幅 ΔK。预测结果与试验值一并列于图 9 - 4 - 17 和图 9 - 4 - 18 中。

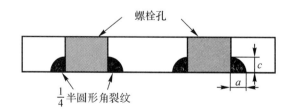

图 9 - 4 - 16　AFGROW 分析裂纹模型

从图 9 - 4 - 17 和 9 - 4 - 18 中可以看出，1 - 1# 和 1 - 2# 试件的试验值与预测值误差较大，2 - 1# 和 2 - 2# 试件的试验值与预测值相对比较吻合，不过预测值都偏于保守，且扩展趋势与试验值一致。

误差的形成可能有以下几个原因：

（1）裂纹长度的测量本身存在误差。用移动显微镜测量表面裂纹长度和 SEM 图分析时，与测量者经验有很大关系，且该影响很难评估。同时，试验中发现表面裂纹的长度小于接触面裂纹长度，而图中所给是表面裂纹长度或到裂纹前缘中点的平均长度与寿命的对应关系，适当修正增加裂纹长度可减小试验值与预测值间的误差，不过增加量很难确定。

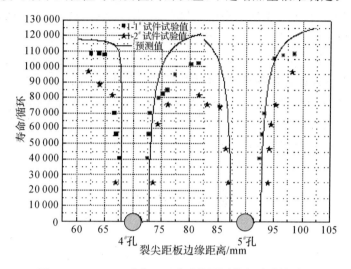

图 9 - 4 - 17　1 - 1# 和 1 - 2# 试件预测值与试验值对比

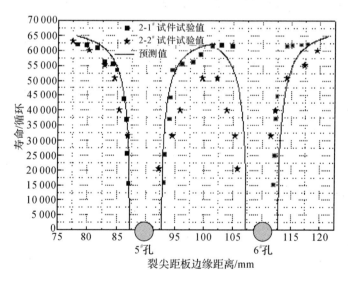

图 9 - 4 - 18　2 - 1# 和 2 - 2# 试件预测值与试验值对比

（2）有限元分析时，尽管所有裂纹同时扩展，但当孔间两裂尖相距较近时，FRANC2D/L 不能重新划分网格，所以其不能考虑相距较近裂纹的严重干涉效应。

（3）FRANC2D/L 只能模拟穿透直裂纹，与实际裂纹形状有一定区别。

（4）尽管螺栓的预紧力比较小，由于第二弯矩的影响，结构件间不可避免地存在摩擦力，在有限元分析时没有考虑此因素的影响。

9.5 小 结

  本章对不同结构参数的三螺栓单搭接件和含 MSD 宽板螺接搭接件的试验展开研究。结果表明,对于单搭接件,在一定条件下,采用直孔形式、增大孔间距和螺栓预紧力、减小孔直径等都可以改善搭接件的疲劳特性。螺栓材料对疲劳寿命基本上没有影响。对于宽板螺接搭接件,裂纹主要在搭接面螺栓孔边缘形成,并沿厚度和垂直载荷方向扩展。宽板搭接件疲劳寿命的绝大部分消耗在螺栓头下裂纹扩展阶段,当发现可视裂纹时,疲劳寿命剩余 15%～50%,应力水平越大,相对剩余寿命越小。本章构建了基于材料初始不连续状态的搭接件全寿命估算模型,结果表明本章所建寿命估算模型具有较高的精度,满足工程需要。

参 考 文 献

[1] 卞贵学,陈跃良,郁大照. LY12 铝合金初始不连续状态研究[J]. 强度与环境,2007,34 (5):58 - 63.

[2] 胡家林. 基于 IDS 的飞机用铝合金疲劳全寿命估算方法研究及应用[D]. 烟台:海军航空工程学院,2006.

[3] 郁大照,韩福辰,陈跃良. MATLAB 环境下的疲劳寿命分布检验及参数估计[J]. 海军航空工程学院学报,2002,17(3):356 - 360.

[4] 高镇同. 疲劳应用统计学[M]. 北京:国防工业出版社,1986:82 - 90.

[5] YU D Z, CHEN Y L, HU J L, et al. Effects of pitting corrosion on fatigue life of aluminum alloy LY12CZ based on initial discontinuity state[J]. Transactions of monferrous metals society of China,2006,16:1319 - 1322.

[6] 谭晓明. 服役环境下飞机结构疲劳寿命评估[D]. 烟台:海军航空工程学院,2006.

[7] 吴学仁. 飞机结构金属材料力学性能手册 第 3 卷:腐蚀疲劳[M]. 北京:航空工业出版社,1996.

[8] LIAO M, BELLINGER N C, KOMOROWSKI J P. Modeling the effects of prior exfoliation corrosion on fatigue life of aircraft wing skins[J]. In J Fatigue,2003,25:1059 - 1067.

[9] LIAO C M, OLIVE J M, WEI R P. In suite monitoring of pitting corrosion in 2024 aluminum alloy[J]. Corrosion,1998,54(6):451 - 458.

[10] 张有宏. 飞机结构的腐蚀损伤及其对寿命的影响[D]. 西安:西北工业大学,2007.

[11] 郭玉瑛. 飞机设计手册:第 3 册 材料[M]. 北京:航空工业出版社,1997.

[12] ZHANG J P, ZHANG J Y, BAO R, et al. Study of methods for evaluating the probability of multiple site damage occurrences [J]. SCIENCE CHINA Physics, Mechanics & Astronomy,2014,57(1):65 - 73.

[13] SCHIJVE J. The application of small overloads for fractography of small fatigue cracks initiated under constant – amplitude loading [J]. International Journal of Fatigue, 2015, 70:63 – 72.

[14] FAWAZ S A. Fatigue crack growth in riveted joint [M]. Delft: Delft University Press, 1997.

[15] SCHIJVE J. The significance of fractography for investigations of fatigue crack growth under variable loading [J]. Fatigue and Fracture of Engineering Materials and Structure, 1999, 22:87 – 99..

[16] KOTOUSOV A, CHANG D. Theoretical and experimental study of fatigue growth of interacting racks [J]. International Journal of Fatigue , 2015, 70 :130 – 136.

[17] 丁振宇, 王效贵, 高增梁. 加载历史和裂纹闭合对疲劳裂纹扩展行为影响的数值模拟 [J]. 工程力学, 2013, 30(8): 244 – 250.

[18] 张海英, 牛智奇, 董登科, 等. 疲劳裂纹扩展试验载荷谱加重方法研究[J]. 工程力学, 2015, 32(9): 236 – 242.

[19] SKORUPA M, MACHNIEWICZ T, SKORUPA A, et al. Effect of load transfer by friction on the fatigue behaviour of riveted lap joints [J]. International Journal of Fatigue, 2016, 90:1 – 11.

[20] 郁大照, 陈跃良, 高永. 螺栓连接单搭接件疲劳特性试验与全寿命估算方法研究 [J]. 中国机械工程, 2013, 24(20): 2747 – 2752.

[21] 郁大照, 陈跃良, 柳文林, 等. 螺接搭接件的力学特性试验及三维有限元分析[J]. 机械强度, 2011, 33(6):855 – 861.

[22] 刘钧玉, 林皋, 胡志强. 裂纹面荷载作用下多裂纹应力强度因子计算[J]. 工程力学, 2011, 28(4): 7 – 12.

[23] 王仁华, 方媛媛, 林振东, 等. 点蚀损伤海洋平台结构剩余强度的多尺度分析方法[J]. 工程力学, 2016, 33(1): 238 – 245.